摩訶（まか）不思議（ふしぎ）な生きものたち

岡部聡
（NHKエンタープライズ
エグゼクティブ・プロデューサー）

文藝春秋

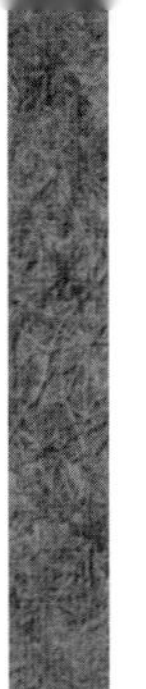

誰かに話したくなる摩訶不思議（まかふしぎ）な生きものたち

装幀　野中深雪
装画　松山円香

目次

まえがき――「満月の夜に」

1987年11月の夜。オーストラリアのケアンズ沖にあるグレート・バリア・リーフで、満月から下弦に向かっている月明りの水中を、僕はひとりで漂っていた。

憧れのグレート・バリア・リーフで潜るため、ダイビング・インストラクターの資格を取り、大学3年から4年にかけて1年間休学。ワーキング・ホリデーを利用して現地のダイビングショップで働いていた。

初心者向けのナイト・ダイビングのガイドが終わった後、タンクの空気はまだ8割がた残っていたので、船上の仲間にちょっと潜ってくると言い残して、再び海底へと沈んだのだ。誰もいない夜の海。月は、白い砂地に自分の影が薄っすら映るほど明るかった。

当時、グレート・バリア・リーフで最もホットな話題は、サンゴの産卵。11月から12月

まえがき

の満月の数日後、一斉に産卵することが発表されて間もない頃だった。

沖縄でサンゴ礁生物学を専攻していた僕は、当然、興味津々だった。日本ではおそらくまだ誰も見たことのないサンゴの産卵は、そう簡単には見られないだろうと思いながら、心の片隅で期待していないわけではなかった。

しかし、夜の海が好きな僕は、水深5メートルほどの浅いサンゴ礁で眠っている魚や、触手を伸ばしてプランクトンを食べるナマコなど、夜しか見ることができない生きものたちの世界に夢中になり、そのことはすっかり忘れていた。

30分ほど潜っていただろうか。目の前に、直径2ミリほどの、ピンク色の丸い粒が浮かんでいるのに気がついた。何だろう？　と粒が漂ってくる方にライトを向けると、海底から無数の粒が、ゆっくりと浮かび上がってくるのが見えた。

あっ！　全身に電気が流れたような緊張が走った。サンゴが産卵しているのだ。気がつくと、僕の周りにあるサンゴというサンゴから、一斉に卵が浮かび上がって、周りは薄紅色の雪が舞っているようだった。真っ暗な海の中で、上と言わず下と言わず、ピンク色の小さな卵に取り囲まれ、まるで宇宙に広がる無数の星の中を漂っているような気がした。

僕は、一つ一つのサンゴに近づいて、どのように産卵しているのかを観察した。卵は、ポリプと呼ばれるサンゴを作る一つ一つの個体から放出されていて、その方法は種類によって様々だった。

キクメイシの仲間は、複数の卵を一気に吹き出すように、ミドリイシの仲間は、一粒一粒浮かび上がるように、ハマサンゴは、小さな粒を絞り出すように産卵していた。

広い海の中、僕ひとりのためだけに繰り広げられる産卵ショー。言いようのない感動に、身も心も震え、時が経つのも忘れて見入っていた。

浅いとはいえ、2時間近く潜っていたので、減圧停止のために、水深3メートルにあった巨大なダイオウサンゴの横で半ば放心状態で、いま見たことの余韻に浸っていた。

すると、丸いダイオウサンゴのてっぺんに、手のひらほどの小さなタコがスルスルと登ってきて、僕の目の前で止まったのだ。距離にして50センチほど。タコと目が合った。劇場の支配人から、「今日のショーは、これでおしまいです」と言われたような気がした。

その瞬間、ダイオウサンゴが爆発し白い煙幕に包まれた。正確にいうと、巨大なサンゴ全体が、爆発するように一気に産卵したのだ。

あっけにとられている内に、支配人は目の前から消えていた。


この話は、あまりにも非現実的で、これまで誰にも話したことがない。うまく説明できる自信がなかったし、話したからといって、相手がどう思うか全く想像ができない。ましてや、作り話と思われるのも嫌だった。なんとなく人に話すべきことではないと感じていた。

いま考えても、あれが現実だったかどうかよくわからない。水中で夢でも見ていたのではないかと思うときもある。

しかし、あれが夢だったのか現実だったのかは、僕にとってさほど重要ではない。重要なのは、あの瞬間、僕の人生は決まったということだ。自然の中でしか味わうことのできない、このなんとも表現できない感動を、人に伝える仕事がしたいと思ったのだ。

その後、いろいろあって、僕は幸運にもNHKで自然番組を作る部署に職を得た。以来30年以上、世界各地の現場で、僕が見て感じた生きものたちの物語をなんとか伝えたいと、悪戦苦闘しながら番組を作ってきた。

しかし、自然番組を作れば作るほど、自分の目で見て、現場で感じたことの10分の1も視聴者に伝えられていないのではないか、という思いが募(つの)ってきたのだ。

長年の経験から確かだと感じても、科学的には実証されていないこと。

番組の一連のストーリーには入らなかったこと。

番組の時間内に収まりきらなかったこと。

目では見たのに、カメラでは撮影できなかったこと。

その地域の文化や人間と生きものの繋(つなが)り。

生きものを思う人々の気持ちの奥深さ。

あげていったらキリがない。

テレビ番組は本と違って、ページをめくり返すことができないので、わかりやすさが求められる。科学的には事実だと証明できないことや、個人的な想像や感傷などは、制限されるのは仕方のないことだ。

でも、やはり自然の中には、映像や科学的事実だけでは伝えきれない、神秘の領域が存在する。そこにこそ、自然や生きものの本質がある気がしてならない。

僕が感じたもう一つの自然の中の物語。それは、とても僕の稚拙(ちせつ)な文章力では十分に表現することはできないが、「ねえねえ、生きものってね」と誰かに聞いてほしい自分の中の物語でもある。それを書いてみた。

1

ブラジルのイルカ

なぜ人間の漁を手伝うのか？

ハンドウイルカの群れ

「漁を手伝うイルカがいる」

「ブラジル南部の小さな港町に、人間の漁を手伝うイルカがいる」

自然番組のリサーチをしている時、ブラジルのニッケイ新聞（ブラジルには世界最大の日系人社会があり日本語新聞がある）のインターネット版に載っていた小さな記事を見つけた。子どもの頃「わんぱくフリッパー」というイルカと人間の友情を描いたアメリカのテレビドラマを見て育った僕にとって、イルカと人間が協力して魚を獲るストーリーはとても魅力的で、どうしてもその光景を見たいと思った。

必ず面白い番組になると確信し、ブラジルにいる旧知のコーディネーターに連絡を取り、イルカ漁の詳細を調べてくれるようにお願いした。

1週間後、調査結果を聞くために連絡を取ると、意外な言葉が返ってきた。これは番組にならない、というのだ。理由は、水が濁（にご）っていてイルカの姿がほとんど見えないから、生きものの生態を伝える番組は無理、というものだった。僕は、今回は人間と生きものがどのように協力して魚を獲るのか、に焦点を当てた番組だから、生態が撮れなくても大丈夫だと、渋るコーディネーターを説得した。そして、現地に向かったのが日韓共催ワールドカップが開催されていた、２００２年７月のことだった。

人間に協力してくれそうな生きものといえば、何を思い浮かべるだろう？　やはり人間と一緒に何かをするとなれば、頭が良くなければならない。頭がいい動物としてまず思い浮かぶのは、人間に最も近い生きもの、チンパンジーだろう。

しかし、チンパンジーは、大きさこそ人間よりも少し小さいが、握力が２００キロを超えるとされるほど力が強く、仲間で連携（れんけい）してほかの種類のサルを狩って食べるなど、猛獣といっても良い生きものだ。

野生のチンパンジーを目（ま）の当たりにすると、かなりの威圧感がある。研究者はともかく、一般の人が同じ空間にいて、親しみを持って過ごせるような生きものではない。まして、人間と協力して何かをすることなど、想像もできない。

次に挙げられるのはイルカだろう。チンパンジー大好き！　という人はあまり聞いたことがないが、イルカ大好き！　という人は、僕の周りにもたくさんいる。野生動物において、おそらくナンバーワンの人気者で、野生のイルカと泳ぐドルフィンスイムは、世界各地で観光ツアーの目玉となっている。

各地の水族館でも、イルカショーは大人気で、訓練すると指示通りにジャンプしたり、物を運んだり、ヒレを振って挨拶したりする姿は実に愛らしい。

イルカと一緒に泳いだり触れたりするとヒーリング効果まであり、自閉症治療のための「イルカセラピー」も行われている。その頭の良さを利用した、人間の役に立てるための研究は以前から存在するのだ。

モーリタニアのイルカと漁師

実は、特に訓練をしたわけではない野生のイルカが人間の漁を手伝う行動は、世界各地で昔から知られている。中でも有名なのは、アフリカ北西部のサハラ砂漠の中の国、モーリタニアのイムラゲン（ベルベル語で漁師の意）のイルカを利用した漁だ。このイムラゲンとイルカの関係も、昔、ドキュメンタリー番組で見たことがあり、今も強烈な印象が残っている。

海岸に近い砂漠を移動しながら暮らすイムラゲンは、タンパク質を得る手段として、海で魚を獲る。その漁に協力するのが野生のハンドウイルカなのだ。

ハンドウイルカは、世界中の熱帯から温帯の海に幅広く暮らす、体長2〜4メートルの、人間にとって最も馴染み深いイルカの1種だ。ショーに使われるのも多くは、このハンドウイルカだ。

10頭前後の、ポッドと呼ばれる母親と子どもたちの群れで生活する、母系社会を作っていて、オスは大人になると群れを離れ、単独か数頭のオスだけの群れで生活することが知られている。

砂漠には大きな木が育たないため、イムラゲンは船を造ることができない。その漁は実に独特で、数人の漁師が網と細い木の棒を持って海の中に入っていく。遠浅の砂浜を胸ぐらいの深さまで歩いて行くと横に広がって、棒で海面を力一杯に叩き始めるのだ。

これでは魚が逃げてしまうと思うのだが、彼らの目的は、魚を網に追い込むことではない。沿岸に棲むハンドウイルカに、自分たちが漁に来たことを知らせているというのだ。

そんなことでイルカが来るのかと思っていると、やがて沖にイルカの姿が見え始めた。すると漁師たちは、網を横に広げていく。そしてまた、棒で海面を叩いてイルカに合図を送り、網の方に魚を追い込んでもらうのだ。

そのドキュメンタリーで、イルカがなぜ、どのようにして、漁師の方に魚を追い込むのかについて、説明があったかどうかは、残念ながら覚えていない。ただ、いつの間にか網の中には沢山の魚が入っていて、漁師たちが重そうな網を抱えながら、満足げに海から上がってきたことを覚えている。

この漁で獲れる魚は、大きなボラだった。ボラは沿岸に生息する80センチほどになる魚で、日本でも身は食用に、卵を塩漬けにして干したものはカラスミとして、高値で取引きされる。

イムラゲンは、たくさん獲れたボラを捌き、砂漠の乾燥した風に晒して干物を作っていた。モーリタニアの海岸にボラが回遊してくる時期は決まっていて、一年中獲れるわけではない。このタイミングでたくさん獲って保存食にして、残りの時期に備えるのだ。

ボラはおもに沿岸に棲むが、砂漠に面した遠浅の広い海岸で、網をただ張っているだけでは、ほとんど獲れないだろう。沖から漁師のほうに追い込んでくれる、イルカの協力が欠かせないはずだ。

食べ物に乏しい荒涼とした砂漠の民にとって、イルカがもたらしてくれる魚は、命を繋ぐための貴重な食料だ。深く刻み込まれた眉間のシワと鋭い眼光で、海を見つめる姿が印象的なイムラゲン。自分たちの元に魚を追ってきてくれるイルカの姿を探すため、沖を見つめる目には、イルカの存在が自分たちの生死に直接関わってくる悲壮感が漂っているように思えた。

イムラゲンとイルカの関係は、一説には500年以上続いているという。つまり、何世代にもわたって、イルカが人間のところに魚を追い込む行動が、受け継がれてきたことになる。

人間がイルカを利用した漁を継承するのは理解できる。しかし、野生のイルカがどうして、何世代にもわたり、このような行動を継承することができたのか。その理由は番組では解説されていなかった。

僕は、その謎が、今回の取材で解けるのではないか、と期待していた。

ブラジルの南部、ラグーナへ

訪れたのは、ブラジルの南部、サンタカタリナ州のラグーナという町。ブラジルは常夏(とこなつ)の国のイメージがあるが、サンタカタリナ州は緯度が高く、冬になると山間部には雪も降る。ドイツやイタリアからの移民が多く、気候や地形的にもブドウの栽培に適していてワインが名産であるなど、文化的にもヨーロッパ色が強い地域だ。

ラグーナとは、ポルトガル語で湖や入り江という意味。その名の通り、ラゴア・デ・サントアントニオという、面積183平方キロ（日本で2番目に大きな湖、霞(かすみ)ケ浦が220平方キロ）の広大な入り江が海と繋がる出口に面した、人口5万人ほどの静かな町だ。

入り江と海を繋いでいるのは、幅100メートルほどの水路で、その入口には、大西洋に向かって1キロ近い堤防が突き出している。南極からのうねりを直接受けるこの辺(あた)りの海は、打ち寄せる波が非常に大きく、サーフィンの名所になっている。長い堤防は、大きなうねりを防ぐためにあるが、ラグーナのイルカと協力する漁にも大きな役割を果たしている。

毎年、7月になると、冷たい海で過ごしていたボラが大群で、ブラジルの大西洋岸を南から北へと回遊してくる。メスはお腹に卵を持ってまるまると太っているので、産卵のためだ。

北上してきたボラがラグーナ沖に来ると、沖に突き出した堤防にぶつかって誘導されるように水路を伝い、入り江へと入ってくる。人間とイルカが協力して漁をするのは、その堤防の付け根にある砂浜である。

入り江にはいくつかの川が流れ込んでいて、陸から運ばれてきた砂が堤防の付け根にたまって、砂浜を作っている。しかし、海と繋がっている水路には、潮の満ち引きにより流れができるため、砂浜は削られ、岸から10メートルぐらいの場所から急に深くなっている。この独特の地形が、イルカと人間の協力関係を生み出している。

イルカから人間への合図

ラグーナにボラが来る季節になると、毎朝、投網（とあみ）を持った男たちが自転車に乗って、フラフラッとやってくる。みんな投網を手に、海へと入って行く。海が急に深くなるギリギリのところまで行くと、腰あたりまで水に浸（つ）かる。そこでイルカが来るのを待つのだ。

彼らは専業の漁師ではない。男たちの職業は学校の先生や銀行員、自動車工場で働く人、肉体労働をしている人など多種多様。当然、週末のほうが人は多くなるが、不思議なことに平日でも結構人が来る。いったい仕事はどうしているのだろうか？

ラグーナのイルカと協力する漁がどこかのんびりしているのは、生活がかかっていないからだ。彼らにとってこの漁は、冬の間（南半球なので7月が冬）のレジャーなのだ。

この時期、ボラは目の前の水路にいるはずだ。しかし、投網が届くのはせいぜい、5メートルほど先まで。そこに魚がいなければ獲ることはできない。

水路の水は濁っていて、水面からはボラが見えるわけでもなく、むやみに網を投げても獲れる確率は限りなくゼロに近いだろう。岸にいる人間には、ボラの群れがいつ自分たちの前に来るかがわからない。

では、どのタイミングで網を投げるのか？　それを教えてくれるのがイルカなのだ。

男たちが砂浜に並びしばらくすると、どこからともなくイルカたちがやってくる。本当に、どこからともなくという表現が当たっている。まるで、人が来るのを待っていたかのように、いつの間にか目の前の水路に、さっきまでいなかったイルカが泳いでいるのだ。種類は、モーリタニアのイムラゲンの漁を手伝うのと同じハンドウイルカ。これは単なる偶然ではないだろう。

まずハンドウイルカは、生息域が最も広いイルカで、熱帯から温帯の世界中の海に生息している。生息数も数百万頭と、イルカの中で最も多いと見られている。自分から泳いでいる人間に近づいてくるほど、好奇心旺盛で人懐（ひとなつ）こいので、世界各国のドルフィンスイムも、大体はハンドウイルカで行われている。

また、沿岸に定住するイルカの種類は限られていて、僕の知る限り、ハンドウイルカとスナメリぐらいしかいない。しかし、スナメリは自分から人間に近づいてくるほど人懐っこくはない。沿岸で人間の漁を手伝うのは、ハンドウイルカ以外にはまず考えられないのだ。

イルカが来ると男たちは網を構え、いつでも投げられる態勢をとる。そして、自分のところに魚を追ってくれるように、水面に網を浸けてジャブジャブと音をたてる。この音にどれくらいの効果があるかは定かではないが、男たちはそう信じている。

すると、イルカが砂浜に近づいて来て水面に上がった。これを合図に、男たちが一斉に網を投げる！　と言いたいところだが、なぜか投げる人と投げない人がいる。そんな時は、投げた人の網にほとんどボラは掛かっていない。

実は、ここで網を投げたのは、まだ経験の浅い新米で、長年イルカを見続けているベテランではない。イルカが水面に上がったからといって、必ずしも、ボラを追ってきているとは限らない。単に呼吸をするだけの時もあるからだ。素人の僕たちが見ていてもよくわからないが、ベテランは口を揃えて、イルカが送る合図に合わせて網を投げないと、ボラは獲れないと言う。一体どういうことなのだろうか？

再びイルカが岸に近づいてきた。今度も同じような場所で水面に上がる。素人目には先ほどと違いがないと思われたが、今度はベテランたちが次から次へと網を投げた。すると、網から逃れようと、ボラが一斉に水面で飛び跳(は)ねる。大きな群れが来ていたのだ。

男たちが重そうに網をたぐり寄せると、多くの網に10匹以上のボラが掛かっていた。砂浜に上がって網からボラを外しながら、男たちは俺の方がたくさん獲れた、いや俺の方が大きいなどと笑い合い、またすぐに自分の定位置へと戻っていった。

獲れたボラはいずれも丸々と太っていて、なかには80センチほどの最大級のものもいる。なるほど、一度網を投げるだけで、これほど多くのボラが獲れれば、それは楽しいだろう。

男たちが夢中になる気持ちがわかった。

日本では、ボラは臭みがあるとしてあまり好まれないが、それはボラの食べ物が影響している。特に夏は、泥の中の有機物を食べるために、泥臭さが身にも染(し)み付いてしまうのだ。

ラグーナで獲れるボラは沿岸を回遊してきているので、泥臭さはまったくない。中には、両手でつかんでも指が届かないくらい、太くて脂(あぶら)がのりきったものもいる。

最も美味(おい)しい食べ方は、何といっても、獲りたてを浜で炭で焼いたもの。焼いていると脂が炭に落ち、それで燻(いぶ)されてよりうまくなる。

産卵のために回遊してくるので、メスは卵を持っている。日本では、塩漬けにしてから干してカラスミを作るが、ラグーナではそのまま焼いて食べる。非常にきめ細やかなタラコみたいで、これも当然美味しい。

どのように、人間と協力する「技」は継承されるのか？

さて、イルカが水面に上がるのは、普通の呼吸と漁の合図で、何が違うのだろうか？

撮影した映像をよく見てみると、通常の呼吸では、イルカは水面に出るときも潜(もぐ)るときも角度が浅い。水面に対して水平に近く、背ビレの根元が見える程度にしか上がらない。

それに比べ、ボラを人間の方に追っている合図の際は、水面に出てくるときも潜るときも角度が深いことがわかった。イルカが腰を折るように深く潜り、水面に高く背中を上げるこの泳ぎ方が、ボラを追ってきた合図なのだ。

ラグーナの入り江には、50頭ほどのハンドウイルカが定住しているが、そのうち漁を手伝うのは10頭ほどで、それぞれに名前がついている。男たちはそれを、背ビレの傷、体の色で判別している。

ひときわ体が大きくて黒っぽいスクービーは、アメリカのアニメ「スクービー・ドゥ」に登場する、犬のキャラクターの名前から付けられた。ポルトガル語で「もっと（近くに）寄せろ」の意味を持つシェガ・マイスは、色白でスマート、背ビレに傷がある。この2頭は、特に上手にボラを追い込んでくれるので人気者だ。

人間の漁に協力するハンドウイルカは、ほとんどがメスだという。それを聞いてなるほどと思った。

先に紹介した通り、イルカはメスが群れに残り、オスは成長とともに群れを出る母系家族。つまり、群れに残ったメスの子どもは、母親が人間の漁を手伝うのを目の前で見ることになる。長年、そうして育ったメスの子どもは母親から、人間と協力する「技」を継承するのだ。

イルカが人間の漁に協力するのは間違いないし、合図を送ることも理解できた。しかし、砂浜に立って男たちと同じ目線から見ていても、漁の全体像はよくわからないし、映像的にもイマイチだ。上から見るのが一番わかりやすいので、今なら迷いなくドローンを利用するのだが、２００２年には、まだ世の中に存在していなかった。

そこで、建築用の長さ30メートルのアームが付いたクレーン車を砂浜に持ち込み、先端に付けたバケットにカメラマンと２人で乗り込んで、上から撮影することにした。

吹きっさらしの地上20メートル。冬なのでただでさえ寒い上に、南極からの寒風が吹いて、歯の根が合わないほど震えた。しかし、上から見るとボラの群れがうっすらと黒く見え、イルカの動きも手に取るようにわかった。

イルカは、水路の真ん中の方から、右に左に方向を変えながら、ゆっくりとボラの群れを岸の方へと追い込んでいく。しかも１頭だけではなく、ボラの群れが逃げようとすると、その前に他のイルカが立ち塞がり、群れの向きを元に戻す動きをしていた。仲間同士で連携して、ボラを追い込んでいるように見えた。

そして、男たちが立っている砂浜まで10メートルほどの地点に来ると、例の背中を上げる動きをする。すると投げられた網は、ちょうどボラの群れの上に広がっていく。次々と投げられた網が開いていく様は、海面に花が咲くようで美しかった。

一見すると、イルカが人間の漁に協力しているだけに見えるが、生きものは自分にとって利益にならない行動を継続的にすることは滅多にない。遊びでやっているだけなら、飽きたら止めてしまうだろう。

何世代にもわたって同じ行動が受け継がれるからには、イルカにも必ず明確なメリットがあるはずだ。それは何なのだろうか?

空中でボラを捕らえるイルカ

ある日、その理由がわかる決定的瞬間をカメラが捉えた。イルカの合図とともに投げられた網から逃れようと、数匹のボラが水面から飛び出した。すると、スクービーが待ってましたとばかりに、空中でそれを捕まえたのだ。

これは決して偶然ではない。網の周辺にボラが飛び出すのを知っていて、待っていなければ、水面から飛び出したボラを、空中で捕まえることなど不可能だ。イルカは、人間が投げた網に驚いて逃げるボラを捕まえようと、人間の方へ追い込んでいたのだ。

自然の中で、捕食者は獲物が群れているときには、うまく狩りができないものだ。目の前をたくさんの獲物が動くため、1匹に狙いを定めきれず、惑わされてしまうからだ。逆にいえば、だからこそ、狩られる側は群れで生活する。

ライオンなど、集団で狩りをする捕食者は、群れのメンバーが脅し役と狩り役に分かれる。脅し役が追いかけて、驚いた獲物の群れがバラバラに逃げ惑うところを、1匹に狙いを定めた狩り役が仕留める連携プレーだ。

ラグーナのハンドウイルカたちは、ゆっくりとボラの群れを人間の方に追い込んでいき、男たちが投げる網に驚いて逃げるときに、捕食のチャンスが訪れる。つまり人間を脅し役に使っているのだ。

また、ラグーナでイルカが人間に協力するのには、独特の地形も影響していると考えられる。ハンドウイルカは、体長2メートル、体重200キロと体が大きい。ボラの群れを追いかけても、人間が立てるくらいの浅瀬に逃げられれば、乗り上げてしまう危険がある。人間が浅瀬にいるためにボラに逃げ場がなくなり、食べるチャンスが増えるのだ。

ボラが沖にいれば手を出せない人間と、浅瀬に逃げ込まれれば手が出せないイルカとの間には、挟み撃ちにしてボラを獲りやすくなる〝win-win〟の関係が成立していたのだ。

口吻に海綿を被せるイルカ

野生のハンドウイルカが人間の漁に協力する謎が解けた。モーリタニアのイムラゲンでも同様のことがあるに違いない。イルカが、こうした独特の行動を、どのように受け継い

イルカが空中でボラを捕まえた瞬間

でいるかについては、20年以上前から、オーストラリア西部のシャーク湾で暮らすハンドウイルカで詳しく研究されている。

1997年、シャーク湾のハンドウイルカが海底の海綿をくわえて、砂地の海底で獲物を探す例が報告された。イルカは砂の中に隠れている魚などを、口を潜り込ませて探す。そのときに、怪我をするのを避けるため、まるで指サックのように口吻に海綿を被せるのだ。

これはメスにしか見られない行動で、母から娘に受け継がれることが確認されている。しかも、口吻に海綿を被せる行為は他の地域ではまったく見られないため、シャーク湾のハンドウイルカによって育まれた独自の「文化」だと考えられている。

動物の文化とは、ある個体が後天的に身につけた、他の集団では見られない行動が、個体間の情報伝達により集団の中で広がり、世代を超えて受け継がれていくこと、と定義できる。この定義に従うと、イルカと人間が協力して漁をすることも、立派な文化だろう。

モーリタニアのイムラゲンの村とラグーナは同じ大西洋に面しているとはいえ、直線距離で6000キロ以上離れている。その間の地域では、イルカと人間が協力して漁をする例は、他に知られていない。距離からして、同じ祖先から受け継がれたとは考えにくく、それぞれの地域で、独自に発達したと見るのが妥当だろう。

ハンドウイルカは、様々な知恵を使って狩りをすることが、世界各地から報告されている。アメリカのフロリダ半島で行う狩りは、ラグーナでの方法を彷彿(ほうふつ)とさせるものだ。

水深1メートルほどの泥が溜まった浅瀬に、数頭の群れでやってくると、1頭が魚の群れに近づき、尾ビレを大きく振って、わざと底の泥を巻き上げながら進んで行く。巻き上げられた泥は水中で煙幕となり、魚はそれを避けるように逃げていく。

イルカは煙幕を上げながら、魚の群れを取り囲むように、直径10メートルほどの円を描いて泳ぎ、やがて円を狭めると、魚はまるで網に取り囲まれたかのように、その中に閉じ込められてしまうのだ。

その円の中に脅かし役のイルカが入っていくと、魚たちはパニックとなり、泥の壁を避けるために水面を飛び跳ねて逃げようとする。それを円の外で口を開けて待ち構えている仲間が捕らえるのだ。なんと頭の良い、効率的な狩りだろうか。

イルカにとっても、魚を1匹1匹、追いかけて捕まえるのにはエネルギーがいる。どうやって効率よく獲るのかに知恵を絞るのだ。

ハンドウイルカにとって、人間と協力するのも、そのバリエーションのひとつだと考えると、何千キロも離れた地域で、別々に同じような文化が発達したことにも納得がいく。

1ヶ月だけの関係

ラグーナでは、漁が一段落すると、男たちは海岸に出る屋台のカイピリーニャ(ピンガと呼ばれるサトウキビの蒸留酒とレモン汁と砂糖を入れたカクテル)を引っ掛けながら、世間話に花を咲かせている。

「スクービーは、今年もたくさんの魚を獲らせてくれた!」

「でも、前に来ていたカバーロは最近見なくなった。無事に生きているのだろうか?」

などイルカの話題が多い。ボラを獲ることはもちろん楽しみだろうが、それ以上に自分たちが名前をつけたイルカとの関係を楽しんでいるのだろう。

ボラがラグーナに産卵のために回遊してくるのは、1年のうち1ヶ月ほどだけ。他の季節は、お互いに意識することなく暮らしている。イルカが人間を利用しているのか、人間がイルカを利用しているのかわからない奇妙な関係。

互いが相手を必要とするこの関係の中にこそ、それを守っていこうとする強い意志が生まれてくるのだと思う。自然保護を声高に叫ぶことはないが、彼らがイルカを思う気持ちは、世界中の誰よりも強いと感じるのだ。

2

コペラ・アーノルディ

空中で産卵する熱帯魚

コペラ・アーノルディのオス

飛びっきり変わった産卵方法

日本では、少子化が問題になっているが、子孫を残すことは、人間以外の生きものたちが生きている唯一の目的と言って良い。そのため、求愛や繁殖の方法には、その生きもの独特の生存戦略が最もよく表れていて、自然というのは実に上手くできていると感心させられることが多い。

脊椎（せきつい）動物の中で最初に地球上に現れた魚の繁殖方法は、進化の歴史が長い分、実に多種多様で、個人的には生きものの中で最も面白いと思っている。魚の卵は、孵化（ふか）して稚魚が自分で食べ物が取れるようになるまでの栄養を、親から貰って産み出される。そんな栄養満点の卵は、周りの生きものたちにとっては絶好の食べもの。なんの工夫もなく産めば、すぐに食べつくされてしまい子孫は残らない。そのため魚たちは、卵を食べつくされないように、種によってそれぞれ工夫を凝らした方法を進化させてきた。

魚たちの工夫は多岐にわたっている。

マンボウのように、数億の卵を産んでばらまく多産のもの。

ベラやブダイなどのように、潮の流れが速い時間に合わせて水面近くで産卵し、卵を流れに乗せて素早く拡散させるもの。

クマノミのように、岩に卵を産み付け親が守るもの。

サケのように、川を遡上し、産卵したあと上に砂利をかぶせて隠すもの。

テンジクダイの仲間のように、口の中に入れて守るもの。

タツノオトシゴのようにオスが、お腹の袋に入れて守るもの。

その中でも、魚という生きものの常識を超えた、世界で唯一の飛びっきり変わった方法で産卵する魚がいる。コペラ・アーノルディだ。と言ってもほとんどの人は知らないだろう。あまりにマニアックすぎて、和名はなく学名で呼ぶしかない。

この魚は、アマゾンに棲むカラシンという熱帯魚の仲間。日本でも有名な色鮮やかな熱帯魚、ネオンテトラと同じグループの魚だと言えば、少しはわかっていただけるだろうか。

コペラ・アーノルディは、体長4センチほどで、色は茶色っぽく、観賞魚としての需要はほとんどないと言っていい。しかし、これといった特徴もないコペラ・アーノルディは、熱帯魚マニアなら誰もが知っている超有名魚なのだ。

理由は、その独特の産卵方法にある。なんと魚なのに水から飛び出して卵を産むのだ。ちょっと水から出るだけというレベルではない。10センチほど飛び上がり葉っぱに産卵する。

しかも、その卵は、孵化するまでずっと水の外にある。そんな馬鹿な、と思うかもしれないが、紛れもない事実なのだ。

垂れ下がった葉っぱの下が縄張り

アマゾンと言えば、世界最大の大河で、幅が広い川に濁流が流れているイメージがあるが、コペラ・アーノルディは森の中の、比較的水が綺麗で流れの緩やかな幅2メートルくらいの小川に棲んでいる。

現地でわれわれの取材に協力してくれる熱帯魚ハンター兼番組のコーディネーターの山本千尋さんによると、コペラ・アーノルディは数が多く、見つけるのはそれほど難しくないので、熱帯魚としてはそんなに高価ではないとのこと。ということは、きわめて特殊な方法にもかかわらず、うまく繁殖しているということだ。

探す場所も独特で、水中ではなく水面近くに葉っぱが茂っているところとなる。葉っぱの種類や垂れ下がり方も重要で、幅が広く柔らかい葉が水面に対して垂直に垂れ下がっている場所の下にいる確率が高いという。

コペラ・アーノルディのオスは、繁殖期になるとそうした葉っぱが垂れ下がった場所の水面近くに縄張りを持つ。僕が現地に取材にいった際、事前に目星をつけておいた場所をしばらく探していると、葉っぱの下にメダカのような魚がじっとしていた。コペラ・アーノルディのオスだ。

オスは、すべてのヒレが長く伸び、体は少しオレンジ色がかっている。まるで歌舞伎や時代劇で位の高いお奉行様が着ている長裃（ながかみしも）のよう。水の中で方向を変えるたびに、ヒレがたなびいてカッコイイ。繁殖期になると、オスはこうして葉の下の水面近くを泳ぎながら、メスが来るのをひたすら待っているのだ。

オスに比べるとメスはヒレも短く、地味だ。お腹の卵が成熟して産卵の時期が近づいたメスは、オスの縄張りを巡り始める。お気に入りのオスを見つけペアとなると、オスととも に水面近くで泳ぐようになる。

そして、オスがリードしてまるで社交ダンスでも踊るかのように、互いに寄り添って回転しながら水面へと近づいていく。水面でピッタリと身を寄せあうと、オスとメスがタイミングを合わせて一緒に水面から飛び出し、10センチほど上にある葉っぱに2匹並んでペタッとひっつく。オスが水の中から見上げていたのは、この葉っぱだったのだ。

ペアが水中に落ちると、そこには10個ほどの卵が残されている。それを何度か繰り返し、合計100個ほどの卵を葉の表面に産み付ける。水の外に卵を産み付けるというコペラ・アーノルディの奇想天外な行動は、見ていて実に面白い。

それにしても、いったいどのようにすれば、魚が水の外にある葉っぱに卵を産み付けることができるのだろうか。その詳しいメカニズムを、撮影した映像を元に解説していこう。

どうやって乾燥を防ぐか?

まず感心するのは、オスとメスが体を寄せ合って水面から飛び上がることだ。一瞬で終わってしまうので、肉眼ではよくわからないため、1秒の動きを30秒にして撮影できるハイスピードカメラのスロー映像で確認してみた。

すると、水面から飛び出し葉っぱに着くまで、オスとメスの体はまるで1匹の魚のように一体化して、一瞬も離れることがない。葉っぱにひっつくための1つ目のポイントとなるのが、このオスとメスの一体感だ。

映像を見ると、水面から飛び出す時にかなりの水が体の周囲にまとわりついて、一緒に上がっていくことがわかる。体が離れてしまっては、水は周囲に飛び散ってしまうだろう。

水をまとっていることが、葉っぱにひっつく鍵となるのだ。

２つ目のポイントは、オスが葉っぱに当たった瞬間に、長い胸ビレと腹ビレを大きく広げること。何かのテレビ番組で、人がマジックテープをつけた手足を大きく広げて、壁にくっつくゲームがあったが、あの要領だ。水分をたっぷり含んだヒレを広げることで、吸盤のように葉にひっつくことができるのだ。オスのヒレが長いのはそのためだ。

葉の上でオスは体をＳ字に曲げてメスの体を支えるようにしている。メスはヒレが短いため、単独では葉っぱに留まることができないからだろう。

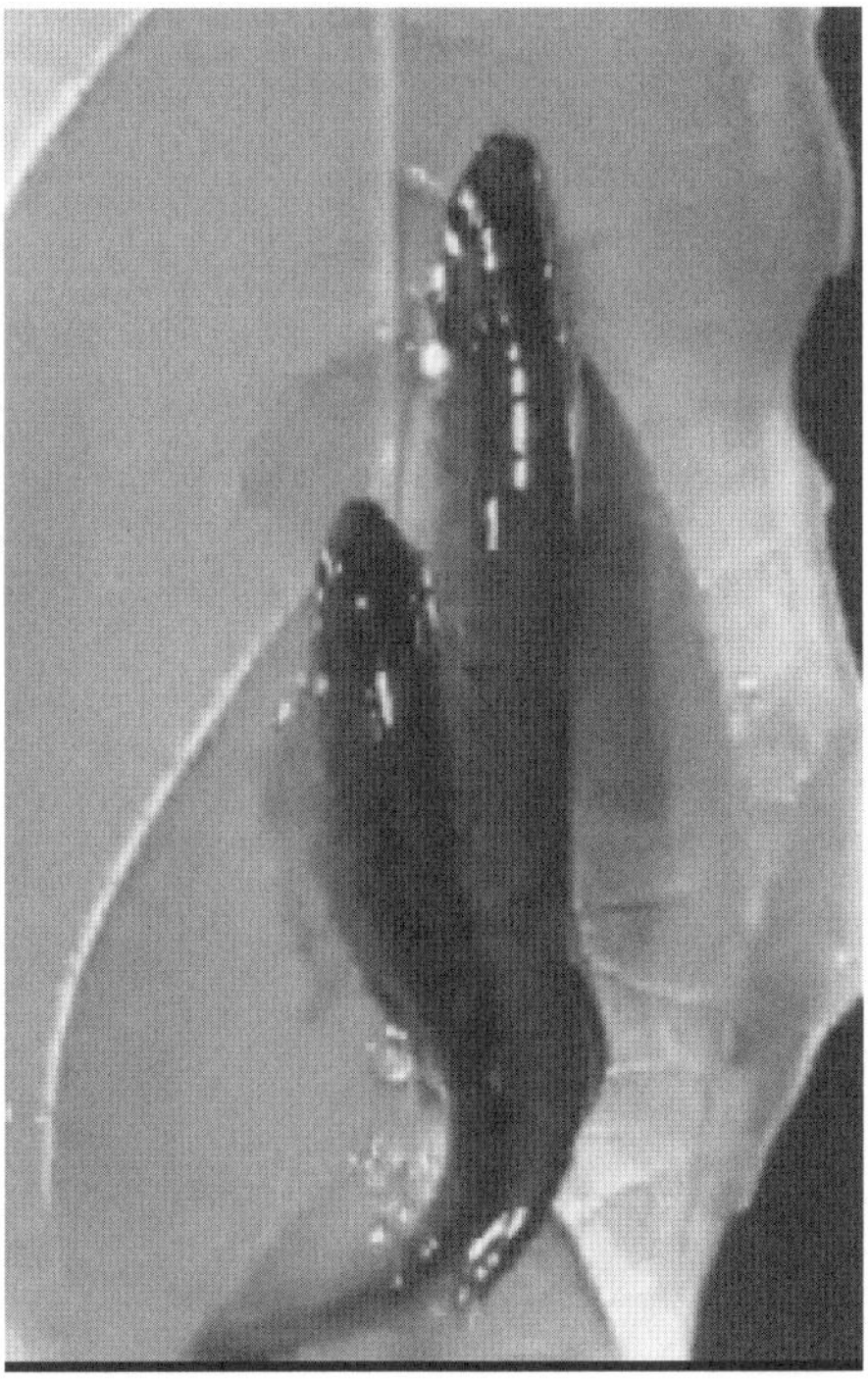

一体となって葉っぱにひっついたオスとメス

一緒にひっついていられる時間は3秒ほど。メスは10個ほどの卵を産み、先に水に落ちる。オスは、1秒ほど長く葉に残り放精し、受精が終わると体をひねり水に落ちる。

オスとメスが同時にジャンプするだけでも驚きなのに、一緒に葉っぱにひっつく仕組みまであることには、感心するばかりだ。

コペラ・アーノルディはなぜ、水中ではなく空中の葉っぱに産卵するのか。

その1番の目的は、捕食者対策だろう。葉っぱに産み付けられた卵は、外敵が多い水中と違って食べられる危険は少ない。しかし、外敵以上に大きな問題がある。魚の卵は、水の中に産み付けられることを前提としているため、空気中だと水分が蒸発してすぐに干からびてしまうのだ。

では、コペラ・アーノルディは、どうやって卵の乾燥を防いでいるのか?

1つ目の対策は、卵に保湿材を付けること。葉の表面に産み付けられた卵をよく見ると、一回に産み付けられた卵塊ごとに、まるでカエルの卵のようにゼリー状の粘液で覆(おお)われていることがわかる。粘液はメスの体内で作られ、産卵の時に一緒に排出されることで、卵の乾燥を防ぐことができるのだ。

2つ目の対策は、オスによるアフターケアだ。産卵が終わるとメスはすぐにどこかに行ってしまうが、不思議なことにオスは、卵を産み付けた葉の下に陣取って動こうとしない。

卵が外敵に食べられる心配はないのに、なんのために留まっているのだろうか?

次にオスがとった行動は、実に驚くべきものだった。しばらく見ていると、オスは水面で水しぶきを上げ始めたのだ。これも一瞬のことなので、肉眼では何をしているのかよくわからない。ハイスピードカメラの映像で確認すると、円を描くように体を180度回転させ、長い尾ビレで水面を弾(はじ)いている。しかも、その水しぶきは正確に葉の上にある卵に掛かっていたのだ。そう、卵の乾燥を防ぐ2つ目の対策は、オスが葉に産み付けられた卵に水を掛けることなのだ。

メスが出すゼリー状の粘液だけでは、完全に卵の乾燥を防ぐことができない。粘液の乾燥を防ぐさらなる対策が必要で、それをオスが行うのだ。実は、コペラ・アーノルディの英名は「スプラッシュ・テトラ」、つまり「水しぶきをあげるテトラ」だ。卵に水を掛ける行動が、いかにコペラ・アーノルディの特徴を表しているかがよくわかる。

オスは、稚魚が孵化するまで2日間、おおよそ1分に1回の頻度(ひんど)で卵に水を掛け続ける。そして、孵化した稚魚は、オスが掛ける水に流され、葉の先端から水面に落ちていく。なんという巧妙な仕組みだろうか。僕は、これほど奇想天外な繁殖をする魚を他に知らない。

そして、僕が一連のコペラ・アーノルディの産卵の中で最も心惹(ひ)かれるのは、葉に産卵することではなく、この卵に水を掛けるオスの行動の方だ。なぜこのように進化したのか、どうにも理解できないからだ。

元々は水中の葉に産卵

一般的に生きものの進化は、生存に有利な形質を発現する遺伝子を持つ個体が生き残ることで選択され、その形質がより有利な方向に変化して受け継がれていくことにより起きる、と理解されている。

たとえば、キリンは首の長い個体の方がより高い場所の葉っぱが食べられるとか、オスのクジャクの羽は美しい方がメスにモテるといったもので、自分たちが生き残ったり子孫を残すのに有利になることが、形質的に進化する要因となっている。

また生態的なことについても、鳥が目の前にある卵を温めるとか、他より複雑な求愛のダンスを踊らないとメスにモテないなど、直接その個体が関わる課題をクリアすることについては、どんなに奇抜な行動であっても、進化した理由を想像することができる。

実は、コペラ・アーノルディには、同じくコペラと名前が付いている近縁の仲間が他に8種類いる。その8種類はコペラ・アーノルディよりヒレがやや短く見えるが体型はほとんど一緒で、同じような場所に棲んでいる。そして、そのすべてが、水中にある葉っぱに産卵して、オスが卵を守る習性を持っている。つまり、コペラ・アーノルディは、元々水に浸かっていた葉に産卵していた祖先から、進化したことは明らかだ。

水中だと他の魚に卵を食べられてしまうので、少し水面から出ている葉っぱに産卵するようになり、やがては完全に水から離れた葉っぱにジャンプしてしまえ（生きものはそんなことは思っていません。念のため）ということだろう。ここまでは、キリンの首が長くなったのと同じだ。

しかし、水の上の葉に産み付けた卵に水を掛ける行動は、どのように進化したと理解すればいいのだろうか？

なぜ水を掛ければよいと理解したのか？

普通に考えると、水面よりも上に産み付けられた卵は、乾燥して生き残れない。魚が水の外に卵を産むなんて無理な話で、それ以上は進化できませんでした、で終わりになる。

魚には、様々な方法で自分の卵を守る種類がいるじゃないかと言われるかもしれないが、それは外敵からの話。目の前にある卵は、自分に属する物だから、本能的にあらゆる他の生きものからは守るのだ。

しかし、葉っぱに産んだ卵は、誰から襲われるわけでもない。ただ、自然に乾燥していくだけだ。しかも、既に自分の目の前から離れた場所にあり、乾燥しているかどうかも、水中からは確かめようがない。それに、卵が乾燥したら死んでしまうから、それを防ぐためにはどうすれば良いのか？　そうだ、水を掛ければ良いのだ！　と理解するためには、論理的な思考が必要だ。残念ながら魚の脳はそんなことを考えられるほど発達していない。

　魚の脳は、哺乳類などと比べると単純な構造をしていて、人間が論理的な思考をするときに使う大脳はあまり発達していない。しかし、脳としての区画は我々人間と共通で、大脳（魚では大きくないので終脳と言う）、間脳、中脳、小脳、延髄、脊髄とすべて揃っている。すべての脊椎動物は魚から進化してきたので、これはよく考えれば当たり前のことだ。種によってそれぞれの生活様式に応じて、必要な脳のパーツを大きくしてきたのだ。

　魚の終脳は、主に嗅覚の処理に関わると長年考えられてきたが、近年の研究で、視覚、聴覚、側線感覚、味覚の処理も、終脳の異なる領域で行われていることがわかってきた。すべての感覚を大脳で処理する回路の構成は哺乳類と似ていて、大脳皮質の感覚野に相当する構造が魚にもある可能性が、指摘されはじめている。

　2007年1月刊行の世界的な科学雑誌「ネイチャー」に、アフリカのタンガニーカ湖に生息しているシクリッドという魚の一種は、推移的推論ができるという論文が発表された。推移的推論というと難しそうに聞こえるが、たとえれば、ジャイアンとスネ夫が喧嘩したらスネ夫が負ける。スネ夫とのび太が喧嘩したらのび太が負ける。するとのび太は、自分は敵わないから、ジャイアンとは喧嘩しないという判断ができる、ということだ。

直接確かめなくてもわかるというのは論理的な思考で、それが魚にもあることが報告されたのだ。

さらに2019年、魚の認知能力の常識を覆す驚くべき研究結果が発表された。大阪市立大学の幸田正典教授のグループが、ホンソメワケベラという海に棲む10センチほどの魚に、「鏡像自己認知」の能力があることを確認したというのだ。認知心理学を勉強したことのある人なら誰もが、魚にそんな能力があるわけがない、と考えるはずだ。

「鏡像自己認知」とは、鏡に映っているのが自分だとわかる、ということ。これを確かめる実験を「ミラーテスト」という。なんだそんなことぐらいと思うとしたら、それはあなたが人間だからだ。ほとんどの生きものは、鏡に映った自分の姿を見ても、それが自分だと認識できない。

そもそも、自然界で鏡になる物は、水面や氷ぐらいで滅多にない。つまり、野生動物は、自分の姿を見る機会はほぼないと言っていい。その見たことのない顔を自分だと気づくのは、かなり難しいことなのだ。

これまで様々な動物に鏡を見せる実験が行われてきた。そのほとんどで、動物は鏡に映ったものが同じ種類の生きものだということはわかるので、自分の姿をライバルだと思い、警戒して威嚇や攻撃をする。

ここで、あれ？　なんか変だぞ、と思う生きものがいる。鏡の中のライバルがどうも自分と同じ動きをしていることに気がつくのだ。牙をむいて威嚇したら相手も牙をむく。右手を挙げれば相手も右手を挙げる（鏡なので見た目は左手だという問題は、話がかなり難しくなるので考えないでください）。

それを繰り返しているうちに、これは自分でなければおかしい、と理解するのだ。これは、人間で言うと「我思うゆえに我あり」と17世紀にデカルトが気づくまで誰も思いつかなかったのと同じぐらい難しい命題だ。生きものが、鏡に映っているのは自分なのだとわかるには、かなり高度な認知能力が必要であることは理解していただけただろうか。

つまり、水面に映った自分の姿を見てみにくいと感じる、アンデルセンの「みにくいアヒルの子」（本当はハクチョウのヒナ）は、かなり認知能力が高い、ということになるが、実際のハクチョウは、残念ながら鏡を見ても、それが自分だとはわからないだろう。

「ミラーテスト」は、かなり厳密に行われる。喉の下など生きものが自分では見ることのできない部分を、手触りや匂いではわからない塗料で着色し、鏡の前に行った時に、その部分を触ったり、意識した行動を取るかを観察する。着色する時には、何かを塗ったことを触覚でわからせないため、麻酔で眠らせる。さらに、透明な塗料を塗っても反応しないことを確かめる念の入れようだ。

これまで「ミラーテスト」に合格している生きものは、チンパンジー、アジアゾウ、ハンドウイルカ、カササギ（カラスの仲間）など、従来からかなり頭がいいと考えられてきた生きものたちだけだった。それがいきなり魚でも確認されたのだ。

砂にこすりつける

ホンソメワケベラがクリアしたのは、喉の下に茶色の塗料をほんの少しだけ注射し（まるで寄生虫が付いているように見える）、鏡を入れて反応を見るものだ。その結果、喉にマークした個体が鏡を見ると8回中7回、その部分を水槽の底にある砂にこすりつけたのだ。

これだけだと、偶然そういう習性があるという解釈もできるので、次のような対照実験も行っている。

①鏡を入れて着色はしない（8回中0回）
②鏡を入れて透明な色素を注射する（8回中0回）
③着色しても鏡を入れない（8回中0回）

この3つの対照実験で、一度も喉をこすりつけず教科書通りに見事にクリアして見せた。

この結果は、他のミラーテストに合格した生きものの反応を上回る完璧さだった。

ちなみに、大型類人猿の中でもゴリラやオランウータンは、ミラーテストに合格していない。もちろん、だからと言ってホンソメワケベラが類人猿よりも賢いと言っている訳ではない。ホンソメワケベラは、他の魚のエラなどに付いている寄生虫を食べるクリーニングを行うことが知られている。そのため、多くの魚の種類を見分ける能力が高く、認識能力が発達していると解釈されている。

魚におけるミラーテストの合格については、今でもそんなことが出来るはずはないと受け入れていない研究者もいる。しかし、少なくとも、どうせ魚なんてあんな小さな脳しか持っていないんだから、論理的な思考ができる訳がない、という思い込みを、考え直さなければならないことだけは確かなようだ。

様々な研究から、魚は少し前まで考えられていたよりも、色々なことを認知しながら生活していることが明らかになってきた。しかし、コペラ・アーノルディが水の外にある卵に水を掛ける行動がなぜ進化したのかは、未だに謎のままだ。推移的推論とも違うし、自己認識とも違う。卵に水を掛けなければ乾燥して死んでしまうということを理解するためには、
①卵は空気中にあると乾く

②乾くと卵は死んでしまう
③乾かないためには水を掛ける

とずいぶん論理的な思考が必要になる。コペラ・アーノルディがこんなことを考えて行動しているのかと言われれば、それは違うだろう。考えずに進化したことが凄(すご)いのだ。本能と言ってしまえばそれまでだが、ではその本能はどこから来たのか。本能とは一体どういうものなのだろうか、という堂々巡りになってしまう。

突然の進化

水中に産卵することが大前提の魚が、産んだ卵が水に濡れていないと乾いて死んでしまうかもしれない、と考える必要はない。そんなことを不安に思っている魚はコペラ・アーノルディだけだ。

つまり、コペラ・アーノルディには、元々魚にはまったく必要のない行動が、突然進化したことになるのだ。魚にとって水の外に卵を産むのがどれほど難しいかは、魚たちが自ら証明している。地球上におよそ3万種類いると言われる魚の中で、こんな奇想天外な産卵をするのは、コペラ・アーノルディだけなのだから。

生きものの進化は再現ができない。そして、どうしてこうなったのかと生きものに聞くこともできない。

人間に比べて比較にならないほど単純で小さな脳しか持たないコペラ・アーノルディが、何をどう考えてそんな特殊な行動をするようになったのかを解明するのには、まだかなりの時間が掛かるだろう。もしかしたら、ずっとわからないかもしれない。

でも、こうしてわかりもしないことをあれこれと考えて、想像を巡らせてみるのも楽しいものだ。長い時間、生き残りをかけて進化してきた生きものたちの深遠な世界の秘密を簡単に解き明かせるほど、人間は賢くないのだ。

3
南米のオオハシ
大きすぎるくちばしの謎

木の実をくわえたオオハシ

チョコボールのキョロちゃん

僕が子どもの頃、大好きだったお菓子の一つに、チョコボールがある。今も売っているのでご存知だろうが、長細く四角い紙の箱の上にある取り出し口から、ピーナッツかキャラメルがチョコレートでコーティングされたボールが出てくる仕掛けで、その取り出し口に金のエンゼル、銀のエンゼルという当たりが隠されている。

金なら1枚、銀なら5枚集めるとおもちゃのカンヅメがもらえる、というのは今も同じなのだろうか。良く食べていた割に、銀のエンゼルを2度しか見たことがなく、ついにおもちゃのカンヅメはもらえなかった。

あのチョコボールのキャラクター、大きなくちばしが特徴の鳥、キョロちゃんは、メーカーによる公式設定では「架空の鳥」とされている。しかし、鳥に少しでも興味がある人なら、体に対してアンバランスなあの大きなくちばしの持ち主は、ある鳥を連想するに違いない。

本項の主人公は、キョロちゃん、ではなく、そっくりなあの鳥だ。

2018年11月、僕は、ブラジルの大西洋岸に広がる森、マタアトランティカにいた。ムリキという南米で最も大きなサルを撮影するため、ある保護区に来ていたのだ。

ムリキは絶滅の危機にあり、ただでさえ数が少ない上に、高い木の上で生活しているため、なかなか姿を見せてくれない。運良く姿が見られても、大型のサルだけあって移動スピードも速く、あっという間に見えなくなる。かなり急な斜面を登り下りしながら追いかけなければならず、なかなか満足できる映像が撮れないでいた。

この日も、ムリキの群れが、それ以上追いかけられない尾根を越えて行ってしまった。やれやれと撮影を諦めて山を下り、協力してくれているリサーチャーのホジェリオさんが、休憩のために使っている小屋まで戻ってきた。

小屋の軒下に置いてある椅子でホジェリオさんが入れてくれたコーヒーを飲みながら、さてどうしたものかと考えていると、10メートルほど先の木に、大きなくちばしを持ったカラフルな鳥が飛んできた。詳しい種類まではわからなかったが、その特徴的な姿かたちから、一瞬でオオハシの仲間であることはわかった。

オオハシといえば、大きなくちばしにクリッとした大きな目を持っていて愛嬌があるので有名ではあるものの、実際に見ることはかなり難しい。野生での生態はほとんど撮影されたことがなく、幻の鳥と言っていい。

僕は、オオハシが逃げないように細心の注意を払いながら、隣にいたホジェリオさんに目配せして、オオハシがいることを教えてあげた。すると、

「ああ、トッカーノ（オオハシの現地名）ね。そこの木の穴で毎年子育てしてるよ」

と目の前にある木を指差しながら事もなげに言う。見ると高さ6メートルぐらいの場所に10センチにも満たない小さな穴が空いている。そこがオオハシの巣穴だというのだ。

ホジェリオさんは、モジャモジャ頭で背が高く、セサミストリートのビッグバードに似ている。バリトンボイスの中々のハンサムで、奥さんも美人だ。

しかし、生きもののことだけ追いかけている人に良くある、どこか浮世離れした性格なのが玉に瑕だ。そんな大切なことは、早く教えてくれ。

オレンジ色の羽毛

オオハシの仲間は中米から南米に棲んでいて、現在8種類前後（生きものの分類とは、学者によって意見が分かれ、意外と曖昧なものだ）いる。僕が見たのは、アマゾンから大西

洋の海岸近くの森林まで広く分布している、ヒムネオオハシという種類だった。

ヒムネとは、漢字で書くと緋胸。その名の通り、オレンジ色の羽毛が胸に生えていて、大きなくちばしを持っている。大きさは、ハシボソカラスぐらいだ。オオハシの姿は、まるで現代アートの彫刻のように、まったく実用的には見えない。くちばしが全長の3分の1ほどもあり、体と比べてアンバランスで、とても空を飛ぶ生きものの姿ではないのだ。

オオハシの羽はくちばしに比べると小さく、その飛び方はまるでゼンマイ仕掛けのおもちゃみたいだ。パタパタパタパタ、と一生懸命翼を羽ばたかせては、羽を閉じて惰性(だせい)で飛び、落下し始めるとまたパタパタパタパタと羽ばたく。波のような軌道を描きながらリズミカルに飛ぶのだ。

一直線に目的地に向かって行く様を見ていると、優雅に旋回(せんかい)するように飛ぶのは得意ではないように見える。おかげで飛んでいく先を予測しやすい。

万が一、途中で見失っても、飛んでいった方向を一直線に探していくと、大体は見つけることができる。あんなにくちばしを大きくするよりも、翼を大きくした方が良かったんじゃないのかなと思う。

飛んでいった先を追いかけていくと案の定、その先にあるヤシの木にたわわに実った2センチほどの赤い実を食べていた。オオハシの主食は、木の実。大きなくちばしの先で器用につまみ取り、まるで子どもが、お菓子を放り投げて口で受け止めて食べるように、くわえた実を上に放り投げ、口を開けて次々と飲み込んでいく。しかし、すぐに食べるわけではなく、喉にある袋に木の実を溜め込むことができるのだ。

ずいぶん木の実を飲み込んだ後、一直線に、ホジェリオさんが巣穴だと言っていた穴に戻っていった。オオハシが穴の入り口に止まると、それに反応して中からギャーギャーと騒々しい鳴き声が聞こえてくる。ヒナがいるのだ。

親はいそいそと中に入っていった。ほらね、と得意げな顔をしているホジェリオさん。どこかズレているが、いずれにしても、これまで見たことのないオオハシの子育ての様子を撮影する絶好の機会が到来した。

「内視鏡」で確認した3羽のヒナ

翌日、朝一番で高所作業車に来てもらい、親鳥が出て行ったことを確認してから巣の中を覗くことにした。山道に停めた作業車からクレーンアームを伸ばし、先に付いたバスケットにカメラマンが乗って巣穴に近づいていく。手には「内視鏡」という直径1センチ、長さ30センチほどの細い筒状のレンズを付けたカメラを持っている。狭い隙間や小さな穴の中を撮影する時に使う特殊なレンズだ。

内視鏡カメラで撮影した巣の中のヒナ

幹に空いた直径10センチほどの穴から内視鏡を入れて巣を覗くと、入り口から下に直径20センチ、深さ30センチほどの空間があって、底に3羽のヒナがキョトンとした顔で座っていた。ようやく羽が生えそろったヒナが2羽と、少し成長が遅くまだ羽がまばらな小さなヒナが1羽だった。映像を見たホジェリオさんは、孵化(ふか)しておよそひと月ほどだろうと言う。

オオハシのヒナは50日ほどで巣立つといわれているので、あと2週間でいなくなる可能性がある。僕たちはある程度撮れているムリキを追いかけるのを諦め、これまで撮影されたことのないオオハシの子育ての様子を観察することにした。

カラスに似たヒナ

オオハシは雑食性で、木の実や果物、小さな生きものなどを食べることが知られている。だが、普段どんな物を食べているのか、その食生活の全容を知ることは難しい。森じゅうを飛びまわり食べ物を探しているからだ。

しかし子育ての最中は、ヒナに食べ物を届けるために必ず巣に戻ってくる。ここで待っていれば、オオハシがどんなものを食べているのかを、知ることができる。

観察をはじめた頃は、親鳥が飛んできても、すぐに巣の中に入ってしまうため、何を持ってきているのか、地上からはまったくわからなかった。これは、失敗したかなと思っていると、ヒナの成長は予想よりも早く、観察を始めて5日ほどすると、親がいない間に内側の壁をよじ登り、入り口から顔を覗かせるようになった。

初めて肉眼で見たヒナの印象は、カラスに似ているな、というものだった。親ほどくちばしがアンバランスに大きくなく、普通の鳥っぽいのだ。

ヒナが出てくると、親は巣の中に入れないので、入り口で、口から出した食べ物をヒナに与えるようになった。

最も多いのはやはり木の実で、赤、緑、黒とバラエティーに富んでいる。親は喉袋から木の実を吐き戻し、次々と食べさせていく。ヒナも負けじと、次々と木の実を食べるので、まるでわんこ蕎麦状態だ。その様子は、手の中からいくらでもボールを出すマジックでも見ているかのよう。

親が喉袋から出した木の実は、多い時には30個にもなった。それをすべて1羽のヒナが食べたのだ。こんな大食漢のヒナが3羽いるのだから、親鳥は大忙しだ。

その後、ヒナが成長するにつれ、持ってくる食べ物のバリエーションは増えていき、段々とタンパク質が豊富なものが多くなった。コガネムシのような甲虫やバッタは森の中に多いのか、1日に数回運んできた。

木の上に棲む10センチほどのネコメガエルの仲間も定番メニューの一つだ。親鳥のくちばしからはみ出すぐらい大きなカエルは、さすがにヒナが丸呑みするには大きい。そのままでは、喉をつまらせるかもしれないので、親はくちばしにくわえたカエルを枝に何度も叩きつける。少々残酷だが、ヒナが安全に食べられるようにする親の仕事は非常に丁寧で、カエルの骨が砕かれ、ひと塊の肉のようになり、ヒナがひと飲みできるご馳走になった。

周りの小鳥の巣を根こそぎに

ある時、親鳥が奇妙なものをくわえてきた。いつもの木の実より、一回り大きな白い楕円形のものだ。初めは木の実かと思ったが、先が少しとがっていて、どこか見慣れた形をしている。ヒナが早くくれと言わんばかりにつついた時に、白い殻(から)が割れて中から黄色い液体が流れ出した。卵だ。他の鳥の巣を襲って持ってきたのだ。

同じ日の夕方、今度は親鳥のくちばしから生きものの頭らしきものが下がっているのが見えた。よく見ると小さなくちばしが見える。まだ羽も生えそろっていない鳥のヒナだった。オオハシは、森の中で鳥の巣を探しては襲い、卵からヒナまで根こそぎ持ってくるのだろう。おそらく、観察していたオオハシの巣の周りにある小鳥の巣は、片っ端(かたっぱし)から襲われたに違いない。ヒナを育てるオオハシは、周辺で子育てをしている鳥たちにとって無慈悲なハンターなのだ。

観察を始めて12日目、今度は尻尾がある生きものを持ってきた。10センチほどのネズミだろうか。これは、あまり出っ張(でっぱ)った部分がないからか、ヒナが大きく育ったからか、頭の方からひと飲みにしてしまった。

アンバランスな大きなくちばしを持ち、小さな羽で一生懸命パタパタ飛んでいるオオハシは、なんとなく愛嬌があって可愛らしい。しかし、その食性を見ていると、鳥というよりも、肉食恐竜の子孫のようにも見えてくる。実際、現在の生物学では、鳥は、恐竜が生き残った直系の子孫であることがほぼ定説となっているので、あながち間違いではない。

巣を見つけてから2週間もすると、ヒナは常に入り口に出てきて、外の世界を見回すようになっていた。羽もすっかり生えそろい、体もずいぶんとしっかりしてきた。大きさだけなら親鳥に引けを取らないほどになっている。

しかし、体の成長に比べ、くちばしはまだまだ大人のそれとは違い、極端に大きくなってはいない。顔とのバランスは、初めて巣穴から顔を出した時とあまり変わらず、ハシボソガラスがせいぜいハシブトガラスになったぐらいの大きさなのだ。どうやらくちばしは、体よりも遅れて成長するらしい。

この頃になると、親がヒナに食べ物を与えるのを焦らすようになった。巣の入り口で食べ物をねだるヒナに与えるそぶりを見せながら、すぐに飛び立ってしまう。ヒナもつられて半身を乗り出すのだが、慌てて巣の中に戻る、というのを何度も繰り返すのだ。これは、親鳥がヒナに巣立ちを促しているに違いない。

50日で巣立つとすると、そろそろ飛び立ってもいい時期だが、ヒナのくちばしはまだオオハシだとわからないぐらい小さい。このまま独り立ちするのだとすれば、大きなくちばしは、オオハシが生活するのに必須のものではないのだろうか？　それとも巣立ったあとも、くちばしが大きくなるまで親から食べ物をもらうのだろうか？

幼鳥時代は小さいままだとすれば、大人になってからメスへのアピールのために大きくなるのか？　でも、オスとメスで大きさは変わらない。大きなくちばしの謎は深まるばかりだ。

ヒナの気配がなくなった……

観察を始めてから2週間が過ぎても、ヒナはなかなか巣立ってくれない。テレビ番組としては、巣立ってくれて初めてストーリーが成立するので、今か今かと毎日通い続けていたが、さすがになんの成果もないことを、いつまでも続けるわけにもいかなくなって来た。そもそもオオハシの子育ては予定外の撮影で、他に撮らなければならないことがまだまだあるのだ。

そこで、観察を始めて18日目の朝、僕とカメラマンは、次に予定しているカエルの現場へ下見に向かうことにした。巣の前には、ホジェリオさんとカメラアシスタントを残し、万が一ヒナが巣立ったら、レコーダーのボタンを押すだけで最低限の撮影はできる状態にしておいた。

今日も変化はないだろうとタカを括（くく）っていた僕の元に、カメラアシスタントから思わぬ連絡が入った。巣の中にヒナの気配がないと言うのだ。いつも通り親鳥が木に飛んできても、巣穴をちらっと覗いてすぐに飛び立ってしまい、巣の中に入らない。巣の中から声も聞こえず、入り口にも顔を出さないことから、ヒナは巣にいないと考えざるを得ないらしい。

ホジェリオさんに聞いても夜の間に巣立つことは考えにくく、もし巣立ったのであれば、ヒナは近くの枝にいるはずで、親鳥はそこに食べ物を与えにいくという。さすがにおかしいと思い巣がある木の周辺を丹念に探してもらうと、変わり果てたヒナを見つけたと報告があった。頭に何か鋭い歯でかじられたような痕跡があったという。

ホジェリオさんは、おそらく夜間に巣で寝ているところを、肉食性のオポッサムに襲われたのではないかと推測していた。オポッサムとは、南米に棲むネズミほどの大きさの夜行性の有袋類。100種類以上いて、中には鳥やカエルを襲うどう猛なものもいる。

木の根元で見つかったのは、大きさからすると、入り口に顔を出していたヒナの内の1羽だ。残りの2羽はどうなったのだろうか？　親鳥が巣から20メートルほど離れた茂みの中に飛んでいったのでホジェリオさんが追ってみると、頭に大怪我をしたヒナがいて、親から食べ物をもらっていたそうだ。どうやら生き延びたのは、この1羽だけだったようだ。

夕方まで追いかけたが、森の中を移動するヒナを追跡することができなくなり、その後あのヒナが無事に育ったのかどうかは定かではない。なんとも残酷な結果となったが、これが自然の中で生きていくものの現実なのだ。

毎日、カエルやネズミ、他の鳥の卵やヒナを狩り、あれほど周りの生きものたちを恐怖に陥れていた、森の絶対的王者、オオハシ。しかし、我が子が巣立つ直前に寝込みを襲われ、それまでの苦労は水泡に帰した。

驕れるものは久しからず。どれほど強そうに見える生きものであっても、自然の中で子孫を残していくのは厳しいことであるのを、改めて思い知らされた。自然の中では、強いものだけが一人勝ちをすることはない。必ずその強き者を抑えるジョーカーのような存在がいる。本当にすべてがバランスよく成り立っているのだ。

どうしてくちばしが大きいのか？

ところで、オオハシは、どうして大きなくちばしを持っているのか？　この極めて基本的な疑問に、未だ人間は納得できる答えを出せずにいる。

生きものが持っているものはすべて、突然そこに現れたのではなく、長い時間の中で進化してきた結果として今ここにある。つまり、生きていく上で、何らかの必然性があることは間違いない。

オオハシのくちばしについては、これまで、枝の先にある木の実を取るのに都合がいい、森の中で目立つ、など様々な説が唱えられてきた。しかし、長いくちばしが有利ならば、もっと細くてもいいだろうし、目立つためなら黒ではなく、もっと派手な色の方が良いだろう。

最も有力だとされているのは、くちばしには多くの血管が通っているため、熱帯で暮らすオオハシが熱を放散する、ラジエーターのような役割をしているという、最近発表された説だ。しかし、熱帯に棲んでいてもくちばしの小さな鳥はいくらでもいるし、彼らが熱を放散できず、暑さで死にそうになっている姿を見たことがない。やはり、放熱説も説得力に欠ける。

あんなにも特徴的で、絶対に何らかの役割があるはずのオオハシのくちばし。目の前にあるのに、それがなぜ大きいのかがわからないとは何とも不思議だが、それは、人間が視覚に頼る生きものであり、論理的なものの考え方しかできないからではないだろうか。

同じ自然科学でも、何億光年も彼方（かなた）の宇宙のことや目に見えない素粒子など、理屈で考えられることを解き明かすのは得意なのかもしれない。しかし、人間の目から見ると、なんとも非効率で自然の摂理に抗（あらが）うかのような、理屈に合わない生きものについて理解するのは容易ではない。人間が考えた理屈をいくら並べても、生きものの本当の姿や進化の過程は見えてこないのだ。

でも、これほど世の中の隅から隅まで解析され、分析され、様々な事実が白日のもとに晒（さら）され、ＡＩがあらゆることの答えを教えてくれる今の世界で、オオハシのくちばしが大きい理由がわからないとは、かえってちょっと愉快ではないだろうか。

もし、オオハシと話ができれば、なぜ自分たちが大きなくちばしを持っているのか、そんなこともわからないのかと嘲笑（わら）われるかもしれない。

4

巻きつく尻尾を持つサルと空飛ぶトカゲ

なぜ、そんな進化を遂げたのか？

巻きつく尻尾を持つ南米最大のサル、ムリキ

ほとんどのサルは尻尾で物をつかむことができない

子どもの頃、両手がふさがっているのに、もう一つ持たなければならない荷物がある時に、尻尾があったらいいなと思ったことがある。それは漠然と、サルには物をつかめる尻尾があって便利だなぁ、というイメージを持っていたからだ。

どうしてそんなふうに思っていたのか。何かの絵本で、サルが尻尾で枝をつかんで、楽しそうにぶら下がっているのを見たような記憶がある。しかし、最近になって、どの絵本だったろうかといくら調べても、それらしいものが見当たらないのだ。

僕の子ども時代にサルの絵本といえばH・A・レイの「ひとまねこざる」だったので確認してみたが、主人公のジョージは、アフリカから連れてこられた尻尾のないサルという設定だった。残念ながら尻尾でぶら下がっている描写はなかった。

単なる思い込みなのか、今となってはよくわからない。そして、大人になってわかったのは、実はほとんどのサルは、尻尾で物をつかむことができない、という事実だった。この話をすると、結構生きものに詳しい人でも、えっ、サルの尻尾って巻きつくのが普通でしょ？　という反応をする。やはり、僕だけではなく多くの人がそう思い込んでいるのだ。

どうしてみんながそういう思い違いをしているのか。僕は今でも絵本の影響だと思っているのだが、それが見つからない。知っている人がいたら是非教えていただきたい。

もし動物園に行く機会があれば、どんな種類でもいいので、サルを見て欲しい。私たちに一番身近なニホンザルは、尻尾がほとんどないのであまり参考にならないが、長い尻尾を持っているサルを見つけても、ほとんどがだらんとお尻からぶら下がっているだけで、物に巻きつけることはできないとわかるはずだ。

説明板でその生息地を見てもらえば、アフリカからアジアに棲むサルであることがわかるだろう。実は、アフリカやアジアに分布しているサルをいくら探しても、巻きつく尻尾を持っているものはいない。では、なんのためにサルは尻尾を持っているのか？　それは、樹上で生活する時に、バランスを取るために使っていると考えられている。

そして、もし動物園で運良く巻きつく尻尾を持つサルを見つけたら、彼らの生息地は、中南米であるはずだ。地球上で「巻きつく尻尾」を持っているサルは、中南米に棲んでいるクモザルとホエザルの仲間だけなのだ。

実は、アジアとアフリカで進化したサルと南米で進化したサルは、分類学的には、かなり系統が違う。前者を旧世界ザル（鼻の穴の間が狭いので狭鼻類（きょうびるい）という）というのに対し、後者は新世界ザル（鼻の穴の間が広いので広鼻類（こうびるい）という）と呼ばれている。その名の通り、サルにとって、南米は新しい世界なのだ。

サルは、６６００万年前に恐竜が絶滅し、哺乳類（ほにゅうるい）の時代が始まった後のユーラシアに起源があり、そこからアフリカに渡って進化していったと考えられている。現在も生きている原始的なサルを原猿というが、そのほとんどはアフリカ周辺に棲んでいる。マダガスカルに生息する有名なアイアイをはじめとするキツネザルのグループがその代表だ。

原猿はもともと夜行性だったが、恐竜が絶滅したことで、昼の世界に進出するサルが現れた。我々人間につながっていく現在のサルの主流派である真猿の誕生だ。

およそ３５００万年前、その中にアフリカから大西洋を渡り、南米にたどり着いたものがいた。まだ体が小さかった真猿の祖先は、木の洞（うろ）などで群れが一緒に寝ていたと考えられている。アフリカで大きな嵐が起こった時、寝ぐらにしていた大木が倒れ、川から海に流し出され、海流に乗って南米大陸までたどり着いたと推測されているのだ。

現在の世界地図を見ると、アフリカから南米まで、最も近い場所で３０００キロも離れている。これは、知床半島の先から与那国島まで、つまり日本列島の端から端までとほぼ同じ距離になる。とても流木に乗って渡るなんてできそうにもない。

しかし、よく知られているように、アフリカと南米は、およそ1億年前に大陸移動によって分裂を始め離れ離れになった大地。３５００万年前は、今よりも近かったのだ。しかも、赤道付近の海流は、アフリカから南米に向かって流れているので、流木は早ければ1ヶ月、長くても2、3ヶ月で大西洋を渡り、南米にたどり着いたと推測されている。

３５００万年前、真猿には幾つかの原始的な系統があったと考えられている。その中から南米に渡ったのは偶然、広鼻類の祖先だった。その後、アフリカでは、広鼻類の祖先は狭鼻類との競争に敗れ絶滅したが、元々サルが棲んでいなかった南米で独自の進化を遂げてきたのだ。

現在、１５０種ほどいる新世界ザルは、遺伝子の研究により、たった1種類の祖先から分化したことがわかっている。つまり、大西洋を渡ってきたのは1回だけ。数千万年の間に起きた、1度の奇跡が、南米に新しいサルの世界を作り上げたのだ。

手のひらに収まるほどの小ささ

渡ってきた祖先はおそらく、現在のマーモセットやタマリンのような小型のサルに似ていて、人間の手のひらに収まるほどの小さな体だっただろう。川から海に流しだされた時に乗っていた大木か流木が集まった筏（いかだ）の上で、昆虫や木の実、樹液などを食べて、漂流生活を生き延びたと考えられている。

彼らはたどり着いた南米大陸でも、まずは大きな森の周辺にある、細い木が混み合ったブッシュのような場所で生活を始めたのだろう。ブッシュの中は、食べ物になる昆虫が多く、タカなどの捕食者からも身を隠しやすい。そんな木々の間を、身軽な体で枝から枝に跳（と）んで、移動していたと考えられている。

新世界ザルの祖先は、当初は広大な森の奥には進出できなかった。30メートルを超える巨木がそびえ立つ原生林の中は、木と木の間が広く、小さな体では移動ができないからだ。しかし、生きものは、生存するのに適した場所（生態的地位、ニッチ）が空いていると、そこに進出していく傾向がある。新世界ザルの祖先がたどり着いた当時の南米大陸の森で、樹上生活をしていた哺乳類といえば、オポッサムとナマケモノやアリクイの仲間ぐらい。素早く動ける哺乳類はいなかったと考えられている。

競争相手がいない原生林をサルたちが見逃すはずはない。巨木の森に生息範囲を広げていくものが現れたのだ。

地面を歩かない2つの理由

樹上生活をする生きものにとって、巨木の生い茂る原生林で一番問題になるのは、木と木の間が離れている森の中をどのように移動するのかということ。地面を歩けばいいじゃないか、と思うのは、自然の厳しさを知らない、都会で生きている人間の考え方だ。

現に新世界ザルの中で、積極的に地面を歩く進化を遂げたものはいない。その理由は、大きく分けて2つある。

1つ目は、地面には得体の知れない恐ろしい捕食者がたくさんいることだ。木の上の方がずっと安全。

2つ目は、背の高い森を移動するために、木の上から一度地面に降りて、また木に登るのは、余分なエネルギーを消費することになるからだ。ダイエットのために階段の上り下りぐらいしたほうがいいと考えるのは、あなたが有り余る食料を食べているから。野生動物は基本的に、ギリギリのエネルギー収支で生活している。移動に使うエネルギーは最小限にする方向に進化するのが定石なのだ。

植物群集の変化を「遷移」と言うのは、中学校の理科で習ったと思う。湿潤な熱帯地域で何万年、何十万年も自然のまま遷移した森は、数十メートルある巨木がそびえる「極相林」と呼ばれる状態になる。

巨木は、てっぺんに茂る葉で太陽の光を独占するため、森の中は薄暗く、他の木は育ち難くなるため、地面に近い場所では木と木の間は離れている。そこに棲む生きものは、ある程度の間隔が空いている場所を移動するために、体が大きい方が有利になるのだ。

巨木の森で隣の木との間隔が一番狭いのは、葉っぱが茂るてっぺん付近。そこなら木から木へ枝をつかんで移動できるかもしれない。

しかし、地面から何十メートルもの高さがあるため、万が一にもつかんだ枝が折れて地面に落ちたら死んでしまう。しかも、右手で今いる木の枝をつかみ、左手で移動する先の木の枝をつかむという方法では、枝と枝が接している木にしか移ることができない。もう少し、手を伸ばせば届くんだけど……、というところを無理して手を伸ばすと、元いた木の方の枝が折れて落下、ということもある。

もし、あなたがどうしてもそんな場所を移動しなければならないとしたなら、どうするだろうか？　間違いなく1本のロープで体を固定する命綱を使うだろう。しかし生きものたちは、そんな道具を使うことはできない。そこで、体の使っていない部分が、その役割を担(にな)うように進化した。それが、巻きつく尻尾なのだ。

枝から枝に移る時、常に尻尾を枝に巻きつけておけば、安心して手を伸ばせるし、万が一つかんだ枝が折れても落下を防ぐことができる。

さらに、木に実っている食べ物を採る時も、もうちょっとで手が届くという時にも、尻尾を支えに使える。こうして、安全装置としての巻きつく尻尾が進化したと考えられている。

巻きつく尻尾を持つのは少数派

しかし、新世界ザルがすべて、5番目の足として、しっかりと枝に巻きつく操作性の高い尻尾を持っているわけではない。クモザルとホエザルの仲間だけである。この2つのグループは長い尻尾の先の内側、つまり枝をつかむ面の10センチほどには毛が生えておらず、パット状の滑り止めになっている。

一方、新世界ザルでもオマキザルの仲間は、補助的に尻尾を枝に巻きつけることがあるが、クモザルの仲間ほどは把握力が強くなく、サキの仲間は尻尾に把握する能力が備わっていない。

つまり、物をつかめる尻尾を持つサルは、世界に450種ほどいるサルの中でも、クモザルとホエザルの仲間25種類ほどと、意外なぐらい少数派なのだ。

巻きつく尻尾を持っている種類は、新世界ザルの中でも例外なく大きい。中でも最大のムリキは、体長80センチ、尻尾の長さも80センチほどにもなる。移動する時には、長い手足を伸ばし、尻尾を安全装置に使いながら渡っていく。長い尻尾は、まるで自らの意思を持った独立した生きもののように、枝に絡(から)みついては解けていく。ムリキが移動する時の四肢(しし)と尻尾の動きは、スムーズで実に美しい。

しかし、ムリキでも体の小さな子ザルは、手を伸ばしても隣の木まで届かないことが多い。そんな時には、母親が手と尻尾で隣の枝をつかんで引き寄せて橋となり、その背中を渡っていくのだ。ムリキの食べ物は、葉っぱや木の実。僕が見た時には、尻尾で枝にぶら下がりながら、両手を使って美味(おい)しそうに木の実を食べていた。

南米で尻尾が進化した秘密

実は、サルに限らず、自分の体を支えられるほど強い力で巻きつく尻尾を持っている哺乳類はかなりの少数派だ。森の中に棲む生きものでは、有袋類のオポッサム、樹上性のアリクイ、アライグマの仲間のキンカジュー、カピバラの仲間のオマキヤマアラシ、ジャコウネコの仲間のビントロング、そして全身鱗(うろこ)に覆(おお)われたセンザンコウなど、6つのグループに限られている。

そのうちの4つが、南米大陸の森で進化を遂げたのだ。つまり、巻きつく尻尾が進化した秘密は、生きものとしての特異性以上に、南米の森の環境が関係していると推測されている。なぜ、南米には、他の地域と比べ巻きつく尻尾を持つ哺乳類が多いのか？　その説明でよく用いられるのが、森の構造の違いだ。

世界最大の熱帯雨林、アマゾンは、空から見るとまるで絨毯(じゅうたん)のように一面の緑で覆(おお)われている。文字通り、隙間(すきま)なく高さもほぼ均一の森が、地平線まで大地を埋めつくしている。木の高さがほぼ均一なので、隣り合っている木と木の間に隙間がない。隙間がないということは、生きものにとっては手を伸ばせば隣の木の枝に届くので、木を伝って移動をすることが多くなる。そのため、安全装置としての巻きつく尻尾が進化したと考えられているのだ。

南米大陸で多様な進化を遂げた巻きつく尻尾を持つサル以外の哺乳類を紹介していこう。有袋類というと、コアラやカンガルーなど、オーストラリアで独自の進化を遂げた生きものの印象が強いが、最古の化石は、北米大陸から見つかっている。オーストラリアには、数千万年前、南米と繋(つな)がっていた南極を通じて入ったと考えられている。つまり、南米のオポッサムの方が先輩なのだ。

オポッサムは、ネズミのような姿、大きさの生きもので、100種類ほど知られている。ほとんどが夜行性で樹上生活者という、哺乳類の祖先に近い生活をしている。ではなぜ、南米の有袋類はオーストラリアのように多様化しなかったのだろうか？

それは、300万年前にパナマ地峡により北米大陸と繋がった時に、ネコ科の捕食者などが入ってきたため、地上の有袋類は絶滅したからと考えられている。

その代わりと言ってはなんだが、現在、オポッサムの仲間は、南米で進化した中で、北米に進出し最も成功を収めた生きものになっている。地上にいる恐ろしいネコ科の捕食者などを避け、森を伝ってパナマ地峡を北上し、北米大陸に広く分布しているのだ。これも、巻きつく尻尾を持つことにより、樹上生活に適応できたおかげと言える。

巻きつく尻尾を持つ食肉目

先に、巻きつく尻尾を持つ、森の中に棲む哺乳類として、オポッサムの他に、アリクイ、キンカジュー、オマキヤマアラシ、ビントロング、センザンコウを挙げた。

まず、アリクイといって思い浮かぶのは、頭から尻尾まで2メートルを超えるオオアリクイだろう。地面を歩きまわりながら大きな爪でシロアリの塚を壊して、長い舌でシロアリを舐(な)めとって食べる南米特有の生きものだ。尻尾はまるで箒(ほうき)のようで、とても何かに巻きつけられるようには見えない。

しかし、その小さな親戚、コアリクイとヒメアリクイは、尻尾だけで枝からぶら下がれるほど、樹上生活に適応している。木を上り下りするときは、手足の大きな爪を器用に木の幹に突き立てる。

アライグマの仲間のキンカジューは、体長50センチほどで、同じぐらいの長さの尻尾を持ち、丸い顔に丸い耳、大きな目を持つ非常に可愛らしい生きものだ。アライグマは食肉目の生きものなので、祖先は肉を食べていたのだろうが、キンカジューの主食は果物や長い舌で花の蜜を舐めるなど、見た目通りに食べ物も可愛らしい。

実は、食肉目で巻きつく尻尾を持っているのは、キンカジューとアジアに棲むジャコウネコの仲間のビントロングだけなのだ。両者とも食肉目だが、棲む場所はキンカジューが中南米、ビントロングがアジアと離れていて、系統的には全く違う進化を遂げてきた。

しかし、両者には、樹上性で熟した果物が大好物という共通した特徴がある。あと少しで手が届きそうな美味しい果物を食べる時に有用なので、巻きつく尻尾という特別な進化が、まったく別々に起きたのだろう。

そして、世界最大のネズミとして人気者のカピバラの仲間にも、巻きつけられる尻尾を持つものがいる。実は、カピバラの祖先もサルの祖先と同じ時期にアフリカから渡ってきた、小さなネズミの仲間。もしかしたら、アフリカから同じ木の筏に乗ってきたのかもしれない。

そのカピバラと共通の祖先を持つオマキヤマアラシは、文字通り尻尾を巻きつけることができる樹上性のヤマアラシだ。ヤマアラシといえば、地上性のものがアジアからアフリカにも棲んでいるが、オマキヤマアラシはアジアやアフリカのものとは全く関係がなく、南米で独自に進化した生きものだ。

両方とも体に生えた毛が針に変化したものだが、このような進化は結構起きるらしく、ヤマアラシの他にも、ヨーロッパに棲むハリネズミ、オーストラリアに棲むハリモグラなど、全く違う系統の哺乳類で、それぞれ進化している。

毛が針になるのは、外敵に対する防御のための進化であるのは明らかで、どの生きものも目的は共通している。

ある決まった目的に対して、全く違う系統の生きものが、同じような進化を遂げることを「収斂(しゅうれん)進化」と呼ぶ。魚とイルカの形が似ているのも、泳ぐ時に水の抵抗を減らす、という同じ目的があるからだ。

針は過剰防衛？

南米のネズミの仲間は、外敵から逃れるために、実に多様な進化を遂げてきた。カピバラは体を巨大化させ、水中に逃げるために、まるでカバみたいに、目と鼻の穴が水面に出せるように顔の上の方にある。ウサギほどの大きさのパッカやアグーチは、正にウサギのように素早く動くことで、外敵から身を守る方向に進化している。

その中で、オマキヤマアラシの仲間は、地上の捕食者を避けるために、樹上に逃げ場を求めたと考えられる。だからこそ、巻きつく尻尾が進化したのだ。

しかし、不思議なことがある。外敵を避けるために木の上で生活するようになったのに、なおかつ毛が針に変化するという念を入れた防御をしているのだ。いったい、樹上生活をはじめたのが先なのか、毛が針になったのが先なのか、どちらなのかを考えてみた。

祖先は元々、地面に棲んでいたと考えられるが、先に木に登る進化をしたのなら、それだけでも捕食者から逃れる有力な方法だ。わざわざ毛を針にまで進化させる必要はないと思われる。しかし、南米で樹上生活をする18種類の仲間はすべて、針を持っているのだ。

地上で生活している時に針が進化したのならば、それだけでかなり強力な防御手段となる。現に、ヤマアラシやハリネズミ、ハリモグラなど、他の地域で針を持つ哺乳類は、みんな地上性で木に登る種類はいない。このことからも、針があるのにわざわざ木に登る進化をする必要はないことは明らかだ。そして、南米のネズミの仲間で、地上性で針を持っているものはいないのだ。

ということは、オマキヤマアラシは、木に登ると同時に、針も進化させたと考えられる。

しかし、なぜオマキヤマアラシは、木に登った上に針まで進化させる必要があったのだろうか？　過剰防衛にも思われるが、そこには何か理由があるはずなのだ。

絶滅した強烈な捕食者がいた？

現在の南米で、木の上までやってくる捕食者は、ジャガーやオセロットなどのネコ科の生きもの。しかし、彼らはパナマ地峡で北米と繋がった300万年前にやってきた新参者だ。300万年というと途方もない昔に思えるが、オマキヤマアラシのような特別な進化を遂げた生きものが生まれるのに、十分な時間ではないとも思える。

もしかしたら、ネコ科の肉食獣が渡ってくる前に、今は絶滅してしまったもっと強烈な捕食者がいて、それを避けるために、木に登ってから針も進化させなければならなかったのではないだろうか？　そんな想像をしてしまう。

いずれにせよ、生きものたちの進化は、人間が思い描く常識的な想像力など遥(はる)かに超えた出来事なのだ。

そうした尾巻き生物のスターたちが棲む南米（新世界）に比べると、アジアやアフリカ

（旧世界）では、巻きつく尻尾を持った森に棲む哺乳類は、先述の通り、ビントロング1種と、センザンコウの仲間8種しか知られていない。それはいったいなぜなのか？

その理由の一つとして、東南アジアの熱帯雨林には、高さ70メートルにもなる、突出して大きな木が聳え立っており、林冠（森のてっぺん）がでこぼこしていて、木と木の間のギャップが大きいことが挙げられる。こうした森では、隣の枝を手でつかんで移動することは難しい。そのため、生きものたちは、木と木の間を移る手段として「滑空」という方法を進化させてきたのだ。爬虫類では、肋骨を広げて翼のような構造を作り出すトビトカゲや、同じように肋骨を広げて体を平らにし、S字型になることで抵抗を増やし滑空するトビヘビがいる。

両生類のトビガエルは、水かきのある手と足を大きく広げ、抵抗にして飛ぶ。哺乳類では、手足の間の皮膚を使って滑空するムササビやモモンガの仲間が有名だ。

さすがにサルの仲間で滑空を進化させたものはいないが、霊長目と近縁で皮翼目という独特の分類をされるヒヨケザルの仲間がいる。ヒヨケザルは、ムササビと同じように首、前脚、後脚、尻尾の先端の間にかけて皮膚が伸びた「飛膜」を持っている。木の幹から勢いよく飛び出すと、素早く手足を伸ばし飛膜を広げることで、まるでグライダーのように100メートル以上の距離を滑空するのだ。

この滑空は、東南アジアで主に進化した移動方法で、南米ではまったく見られない。それは、南米には、木からぶら下がるつる植物が多く、それが滑空する時の障害物になるからだといわれている。また、木と木の間に吊り橋のようなつるや蔦(つた)があるので、それを伝って移動すれば良いのでわざわざ飛ぶことはない、という理由もある。

つる植物の存在は、木を登る生きものにとっては有利に働くので、それをもっと生かすために巻きつく尻尾が進化したというわけだ。

アジアと南米、2つの熱帯雨林は、人間には似た環境に見える。しかし棲んでいる生きものたちは、それぞれの環境に合わせて、まったく違った方向性で進化を遂げてきたのだ。

スマートで美しく、合理的な生活

生きものは、彼らが棲む環境の中で、捕食者を避けながら食べ物を採り、繁殖相手を獲得し、多くの子孫を残す競争を常に行っている。この競争に勝った個体は生き残り、その遺伝子を持った子孫がその地域で増えていき、形態や生理的により適応した新しい種類が誕生することで、生きものの多様性は生まれてきた。

今、地球上で生きているものたちは、それぞれの環境の中で、途方もない時間を勝ち残ってきた、進化の勝利者であることに疑う余地はない。様々な環境に進出して、実にスマートで美しく、かつ合理的な生活を営んでいる。それは裏を返せば、その究極の合理性を獲得しなければ生きていけないほど、自然は厳しいのだということを、私たちに教えてくれている。

しかし今、その厳しさをくぐり抜けてきた生きものたちが、人間によるあまりにも急激な環境の改変によって追い詰められている。生きものは、進化の勝利者ではあるが、変化に適応するためには長い時間が必要なのだ。

5
タテガミオオカミ
木の実をめぐるアリとの〝友情〟

ブラジルの大草原に棲むタテガミオオカミ

荒涼とした大地に立つ1本の樹

アリといえば、働き者で食べ物がなくなる冬に備えてせっせと食料を溜(た)める、堅実な生きもののイメージがある。そしてオオカミといえば、赤ずきんちゃんや3匹の子ブタを食べようとする、貪欲(どんよく)な生きもののイメージだろうか？

今回は、そんな生きものたちと実の生(な)る木が織りなす、おとぎ話のような不思議な物語だ。

地平線の彼方(かなた)まで見渡す限り、ススキのような草しか生えていないセラードと呼ばれるブラジルの大草原のど真ん中。1年の半分は一滴の雨も降らない荒涼(こうりょう)とした赤茶色の大地に、1本の木が立っている。高さは5メートルほどと決して大木とは言えないが、大きく横に枝を伸ばす樹形が、他に目立った木のない乾燥した大地で、独特の存在感を示している。

この木の最も特徴的なところは、一年中ハンドボールほどもある大きな実をつけること。しかし、不思議なことに草原には、この大きな果物を食べる草食動物は存在しない。

この木はいったい、誰のために実をつけるのだろうか？　そして、荒涼とした草原で、どうしてこの木だけが、こんなにも大きな実をつけることができるのだろうか？

この話のそもそものきっかけは、今から15年前に遡る。その時、僕は「地球！ふしぎ大自然」という番組の撮影のため、セラードでオオアリクイを追いかけていた。気温30度を軽く超える炎天下での追跡の末、オオアリクイに気づかれて逃げられてしまい、やれやれと休憩していたら、地面に不思議なものを見つけた。20個くらいのカシューナッツが、固まって落ちていたのだ。

ここは大草原のど真ん中。しかも、国立公園なので、人の立ち入りは厳しく制限されている。どう考えても、誰かがピクニックに来て、おやつのカシューナッツを落として行ったわけではなさそうだ。

よく見ると、形はカシューナッツだが、緑色の皮がついている。しかも、全体が黒いタール状のもので覆われていて、近づくとちょっと臭う。ブラジルでいつもコーディネーターをして頂いている動物写真家の湯川宜孝さんに聞いてみると、

「ああ、タテガミオオカミの糞ですね。この辺りで果物を食べて、こんな大きな糞をするのは、タテガミオオカミしかいませんから」

と言う。

えっ？　オオカミ？　オオカミが果物を食べるの？　カシューナッツがこの草原にあるの？　しかも果物？　そう言えば、カシューナッツってどんな木の実の種なんだろう？見たことないな、など色々なことが頭をよぎった。

その数日後、夕方までロケをして、真っ暗な国立公園内の道を、宿舎に帰るために車を走らせていると、突然、ヘッドライトの中に、前を走る異様な姿をした生きものが浮かび上がってきた。足が長く、走る姿はまるでウマのようだが、それほど大きくはない。シカかと思ったが何かが違う。黒いタテガミがあって、こちらを振り向いた顔がイヌだったのだ。

車に驚いたその生きものは、わずか10秒ほどで草むらの中に消えていった。これが僕のタテガミオオカミとの出会いだった。

タテガミオオカミは、南米の草原地帯に生息している、茶色い毛を持つイヌ科の生きもの。大型犬ほどの大きさで、首の後ろに黒い毛が生えていて、それがたてがみのように見えることが名前の由来だ。

草原で見ると足元が隠れているので、首の長い痩せたシェパードのように見える。しかし、草のないところで足元まで見えると、足が長いことに驚く。まるで竹馬に乗っているかのようだ。背の高い草の上に顔を出し、周りが見渡せるように進化したという。

オオカミだが群れることはなく、大きな耳で、草原の中のネズミなどの小さな生きものが出す音をとらえ、捕まえて暮らしている。オオカミというよりもキツネに近い生態を持っていると考えてもらえば、わかりやすいと思う。

ジューシーでかなり美味しい果実

どうしてブラジルの草原にカシューナッツがあるのか、という疑問だが、実は、南米大陸が原産地なのだ。日本に住んでいる僕たちは、カシューナッツというと、香ばしいナッツ（種）の部分しか知らないが、ブラジルでは、カジューと言って果実も食べる。栽培されているものは、樹高は5メートルほどで、小さめのリンゴぐらいの赤や黄色の果実をつける。食べるとかなりジューシーで、爽やかな甘みと最後に少しだけ渋みが残る独特の風味がして、美味しい。ブラジルでは、ポピュラーなフルーツジュースとして、どのスーパーでも売られている。

このカジューの果実の中には、お馴染みのカシューナッツは入っていない。では、どこにあるのかといえば、大きな果実の下に、ちょこんとぶら下がるようについている。実に変わった生り方である。

セラードに自生しているカジューの木は、栽培種と比べるとかなり背が低く、人間の腰の高さくらいにしかならない。草原の中では、草に隠れていて見つけるのは難しい。本気で見つけたい時には、まずは空を探す。頭の先から尾羽の先まで1メートルになる、コンゴウインコが飛んで行く場所にあるからだ。

いかにも熱帯の鳥ですと言わんばかりの美しい羽が印象的で、セラードに棲んでいるのは、黄色と瑠璃色のコントラストが鮮やかな、ルリコンゴウインコ。夫婦仲が良く、朝と晩には必ずつがいでアラーラ、アラーラと大声で鳴き交わしながら飛ぶので、非常に目立つ。

ルリコンゴウインコは、カジューの実が大好物で、熟した実の在りかを空から探しあて、群れで地面に舞い降りる。そこが野生のカジューの木がある場所だ。

野生のカジューの実はかなり小さく、イチゴほどしかないが、下には立派な種がついている。不思議なことに種は実に比べると大きく、おなじみのカシューナッツの3分の2ほどある。果実は栽培されているものほど甘くはないが、渋みをほとんど感じず、酸味があって非常に美味しい。

セラードの地面に落ちていた20個ほどのカシューナッツの固まりは、タテガミオオカミが、野生のカジューの果実を食べた後にした糞だったのだ。

なぜアリ塚の上に糞をするのか？

それから6年後、僕たちは同じチームで、再びセラードに立っていた。NHKスペシャル「ホットスポット　最後の楽園」の撮影のためだ。

今回は、セラードに無数にあるアリ塚を巡る生きものたちの撮影だった。乾季の終わりを告げる雨が降り始める11月になると、草原には雷が頻繁(ひんぱん)に落ちる。半年間、1滴の雨も降らなかった草原は乾燥しきっているため、火事が起き、草原を燃やし尽くすのだ。背の高い草があると目立たないが、焼け野原に現れるのが、シロアリが築いた、高さが1メートルから2メートルもある巨大なアリ塚だ。

ある時、草原の風景を撮影していたカメラマンが、アリ塚の上に生きものの糞があることに気がついた。

「あれ？　これってなんの糞ですかね？」

高さ50センチほどの小さなアリ塚の上にあったのは、色が黒く、形はお馴染みのイヌの糞そっくりだ。湯川さんは、これもタテガミオオカミの糞だという。なるほど、よく見ると糞の中には、5ミリほどの丸くて薄い植物の種がたくさん入っていた。やはり、なにか果物を食べているのだろう。

しかし、糞をするなら地面にすれば良い。シェパードほどの大きさで、足が異様に長いタテガミオオカミが、わざわざアリ塚の上に糞をする理由がわからない。アリ塚に糞を残すには、上に乗って長い足を畳んでしゃがまなければならず、体勢的にも難しそうだ。

どうしてわざわざアリ塚の上に糞をするのか、再び湯川さんに尋ねると、自分の縄張りを主張するため、高いところに糞をして臭いを風に乗せて、できるだけ広い範囲に拡散させるためだという。なるほど、完璧な答え。やはり湯川さんは、本当に物知りだ。

農耕するアリ

別の日、今度はこんもり盛り上がった砂山の上に、タテガミオオカミの糞を見つけた。やはり沢山の種が入っていた。

前回と違ったのは、その糞に赤っぽい色をした1センチほどのアリが集っていたことだ。どうして糞にアリが？　と思って見ていると、糞の中の5ミリほどの丸くて薄い種を取り出して、次々と運んでいく。

アリが取り出した種は、特徴的な形をしていた。真ん丸ではなく、コンマ（,）のようなちょっといびつな形なのだ。一体どこに運んでいくのかと思って種を持ったアリを追っていくと、砂山に空いた穴に次々と入っていった。この砂山は、アリの巣だったのだ。

タテガミオオカミの糞から種を集めていたのは、ハキリアリ。その名の通り、切った葉を巣に持ち帰り、それを栄養にして巣の中でキノコを育てる「農耕するアリ」として知られている。セラードでは、雨季に降る雨が、乾燥し切った赤茶色の大地を数日で、一面の緑の野原へと変える。するとハキリアリが一斉に活動を開始するのだ。

ハキリアリは、まず偵察隊がどの植物の葉っぱを切るのか探しに行き、狙いを定めると、数十匹の刈り取り部隊が植物によじ登り、ノコギリのような歯がついている大きなアゴを使って、一斉に葉を切り始める。

その切り方は、実に理にかなっている。大アゴの一方を葉っぱに突き立てて、もう片方の歯を缶切りのように動かしつつ、自分の体を中心に円を描きながら、頭を動かして切っていく。まるで、コンパスみたいだ。耳をすませると、小さなアリがザクザクザクザクと、リズミカルに葉を切り進んでいく音が聞こえる。

ハキリアリは、自分が乗っている葉を切って行くのだから、そのまま切り離すと自分も一緒に地面に落ちてしまう。そこで、長い後脚で自分がこれまで切ってきたよりも枝に近い場所をつかんでいる。そして、切り離す直前に葉がブラブラし始めると、枝についている方に捕まって、最後のひと嚙みで葉だけを落とすのだ。体長1センチのアリが切り落とした葉の大きさは、自分を中心に円を描くのだから、どれも2センチほどとほぼ同じ。自動的に、運ぶのに手頃な大きさになる仕組みなのだ。

地面に落ちた葉は、仲間が一列になって巣まで運んでいく。自分の倍もある大きな葉をアゴで挟んで頭の上に乗せ、まるでヨットの帆のように立てて運ぶ。アリが小さいので、遠目に見ると、まるで葉っぱだけが動いているように見える。さながら赤土の上を流れる緑の川だ。

その日の刈り場から巣までの道は、効率よく葉っぱを運ぶために、邪魔になる枝や枯葉などの障害物は、すべて掃除され整備されている。花が咲いていると、その花びらも運ぶので、まるで花笠行列みたいだ。その様子は、いくら見ていても飽きることがない。

「ヒッチハイカー」の役割

よく見るとハキリアリには、大中小の3つの大きさがあることがわかる。葉っぱを切ったり運んだりしているのは1センチほどの大きさだ。1・5センチほどある大きなアリは、大きな頭に大きなアゴを持つ兵隊アリ。葉を運ぶ道にいて、外敵から働きアリを守っている。

そして、5ミリほどしかない小さなアリが、仲間の運んでいる葉の上に乗っかって、一緒に運ばれていくのもよく見かける。この小さなアリは「ヒッチハイカー」と呼ばれている。なんだかサボっているようにしか見えないが、このアリにも立派な役割がある。

アリにとっては、外で脇目も振らずに働いている時が、一番身の危険にさらされる。トカゲなどのわかりやすい捕食者は、兵隊アリが撃退してくれるが、中には、小さくてわかりにくいノミバエという寄生バエのような敵もいる。これは、運んでいる葉っぱの上に止まり、アリの頭に卵を産みつけるのだ。卵を産みつけられると、やがて孵化(ふか)したハエの幼虫に食べられてしまう。

ヒッチハイカーは、葉の上にいて、寄生バエが近づいてきた時に追い払っているのだ。ハキリアリの行列を見ていて不思議なことがある。葉を切っている場所から巣穴までの距離は、遠い場所だと数百メートルにもなることだ。巣のそばにも手頃な植物は沢山ありそうなのだが、近い植物を切っているのを見たことがない。

体長1センチのアリにとって100メートルは、身長170センチの人間では17キロとなる。自分の体重の何倍もある葉っぱを、それだけの距離運ぶのだから、効率は相当に悪いはずだ。

僕は、生きものは無駄なことをしないと考えているので、そうするだけの理由があるのだろうが、一体何なのだろうか？　それは、この物語の最後に考えてみたい。

アリタケを育てる理由

狙いをつけた植物の葉を片っ端から切って丸裸にしてしまうハキリアリは、実は人間の生活にも大きな影響を与えている。庭に植えた花が綺麗に咲いたかと思ったら、翌日に全滅していたなんてことは日常茶飯事だし、農業にも深刻な影響を与えている。ハキリアリは中南米で最大の害虫なのだ。

なんと言ってもアリは、数で言えば地球を支配していると言っても過言ではない。ハキリアリが生息する地域の年間の農業被害額は、数千億円とも言われている。彼らは、ものすごく仕事熱心なのだ。

ロケ現場に近い農家が、ハキリアリの巣を除去するというので、その様子を見せてもらった。巣穴の周りをパワーショベルで掘り始めた途端、無数のハキリアリが出てきた。当たり前だがみんなパニックになっていて、手当たり次第噛みついてくる。葉を切るために発達した鋭く大きなアゴで噛みつかれたら、人間の皮膚など簡単に切れてしまう。

1つの巣にはおよそ500万匹が棲んでいるという。福岡県の人口とほぼ同じ数のアリが噛みついてくるのだからとても危険で、近づくことはできない。

さらに掘り進むと、深さ1メートルぐらいのところに30センチほどのフットボールのような形をした部屋があり、その中に白いスポンジ状のものが見えた。これがハキリアリが育てたキノコ、アリタケだ。

実は、僕たちが見たかったのは、このアリタケ。作業を一旦止めてもらって乾燥を防ぐためにブルーシートをかぶせ、一晩アリが落ち着くのを待った。翌朝、僕たちは長靴やスパッツなどで完全防御してから、穴の中に降りていった。アリタケは、マシュマロやシフォンケーキのようにフワフワした手触りで、持ち上げようとするとすぐに崩れてしまうほど柔らかい。

白く見えたのは、菌糸。それが、植物の葉や種を細かく切り刻んだものを包み込んで菌床となっている。ハキリアリは、持ち帰った葉を細かくしてこの菌床に植え付けるのだ。アリはシロアリと違って、腸にセルロースを分解する微生物を持っていないため、葉をそのまま食べることができない。そのため、キノコに分解してもらい、そのキノコを食べて生きている。アリタケは、完全にハキリアリと共生していて、巣の外では見られないそうだ。

ハキリアリとキノコの共生が始まったのは、およそ5000万年前と考えられている。人間が作物を作り始めたのは、現在のヨルダンやイスラエル周辺で、1万1000年ほど前からとされているので、ハキリアリは農耕の大先輩なのだ。

直径10メートル、深さ5メートルの巣も

ハキリアリとキノコの関係は、生態系の中でも大きな役割を果たしている。ハキリアリの巣は、大きなものだと直径10メートル、深さは5メートルにも達する。1つの群れでそれだけ大量の植物を地中に運び込み、キノコが分解していることになる。

森の中では、植物が葉を茂らせ光合成で栄養を作り、葉を落とし、それが微生物によって分解され、再び植物が使える養分となる循環を繰り返している。しかし、葉っぱが分解され養分になるまでには、長い時間がかかる。それに比べ、ハキリアリは、噛み砕いてからキノコの菌をつけるので分解が早くなり、草原や森の新陳代謝を促進する役割を担っているのだ。

実は、セラードの赤茶色の土壌は、酸性で作物が育ちにくく、不毛の大地といわれている。しかし、ハキリアリが地下に大量の葉っぱを持ち込みアリタケが分解することによって、一年中、大きな実をつける植物がある。それが、タテガミオオカミが食べる実が生る木、ロベイラだ。

ハキリアリがタテガミオオカミの糞の中から取り出して巣に持って帰っていた丸くてコ

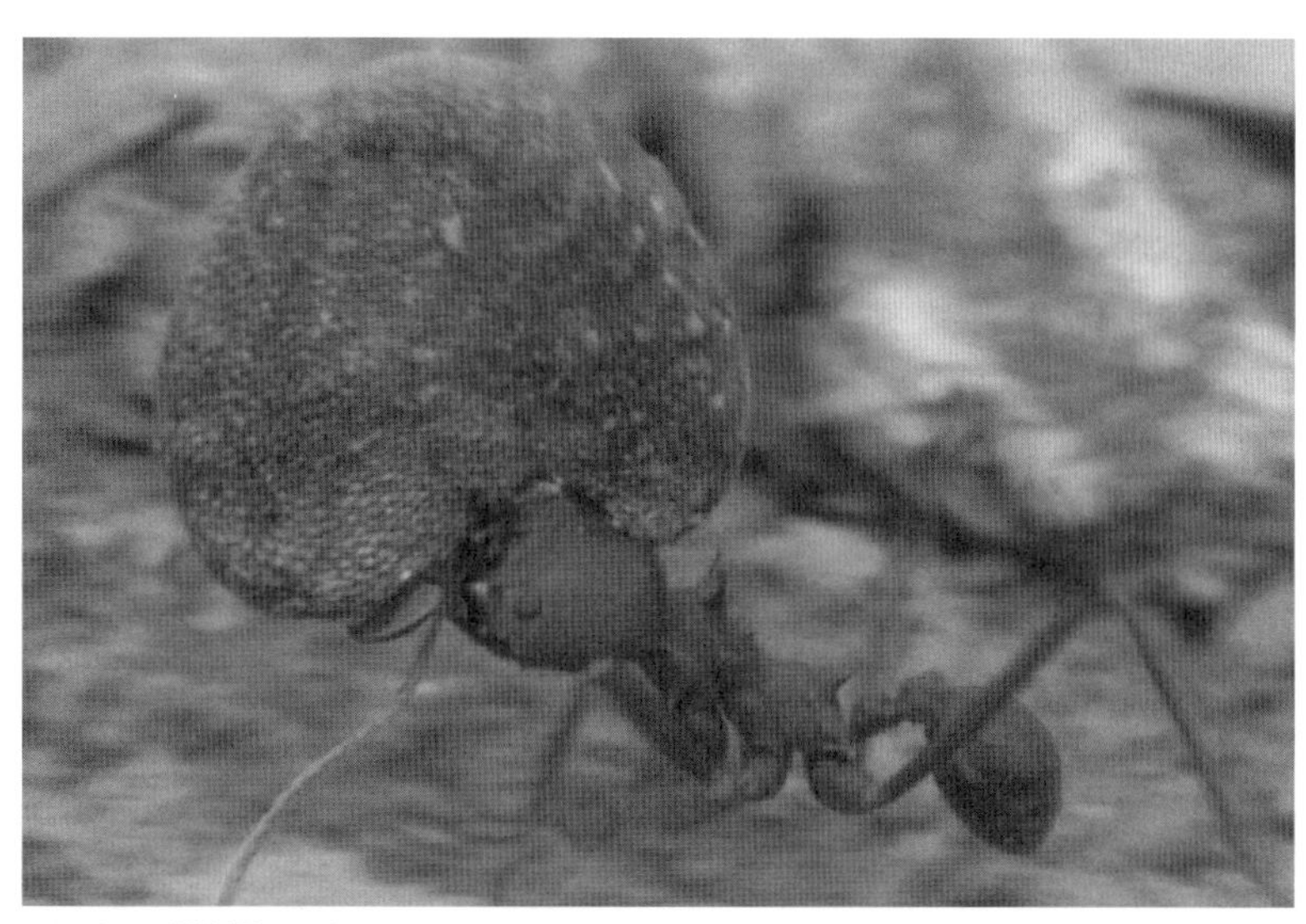

ロベイラの種を運ぶハキリアリ

ンマのような形をした種は、ロベイラのもの。荒涼としたセラードで大きく育つ数少ない木の1つで、5メートルほどとあまり高くはならず、横に広がるように枝を伸ばす樹形をしている。

ロベイラの実は、大きいものはハンドボールぐらいの大きさになり、500個ほど種が入っている。

この大きな実が横に広がる樹形の枝先につくと重さで枝がしなり、地面の近くに降りてくる。それは、ちょうどタテガミオオカミが食べやすい高さなのだ。

ロベイラとは、ポルトガル語で「オオカミの木」という意味。実を、タテガミオオカミが食べるからだ。

実は熟すと非常に甘い香りを放つが、

アルカロイドやサポニンなど、苦味が強い成分が入っていて、ほとんどの生きものは見向きもしない。僕も舐めてみたが、美味しそうな香りとは裏腹に、かなり苦くとても食べられそうになかった。

ロベイラの苦味については薬用の研究も行われており、抽出した成分は、人間に寄生する住血吸虫などを殺すことがわかっている。実は、タテガミオオカミがロベイラを食べるのは、この薬効があるからだといわれている。

タテガミオオカミの腎臓にはかなりの確率で線虫が寄生していて、放っておくと腎機能が低下して長生きができないらしい。ロベイラを食べることで、その線虫を駆除しているというのだ。

タテガミオオカミの食べ物の半分がロベイラだという研究もある。他の生きものが見向きもしないロベイラを、薬だから嫌々食べているのではなく、日常の食べ物として積極的に食べているというのだ。

生きものが食べ物を苦いと感じるのは、舌にある「苦味感受性受容体」が苦味成分を感知するため。この苦味の受容体の働きは、遺伝子によって決まってくる。

タテガミオオカミは、ロベイラの苦味成分を感じる遺伝子に変異が起こり、苦く感じていない可能性もある。あるいは、苦いゴーヤやビールが大好きな人がいるのと同じで、ロベイラの苦味を美味しいと感じているのかもしれない。

なぜロベイラの実は大きいのか？

ロベイラの最も不思議なところは、なぜそんなに大きな実をつけるのかということだ。セラードでロベイラの実を食べる生きものは、タテガミオオカミ以外いないからだ。

木が大きな実をつけるのは、大きな動物の気を引いて食べてもらうため。重さ50キロにもなる世界最大の果物として知られるジャックフルーツはゾウ、強烈な匂（にお）いを放つドリアンはオランウータンに食べてもらうことで、種を広い範囲に分散させる戦略を取っている。

ロベイラは、タテガミオオカミに食べてもらうために大きな実をつけるんじゃないの、ということで一件落着と思うかもしれないが、そうはいかない。

タテガミオオカミはイヌ科の生きもの。イヌ科が南米にやってきたのは、パナマ地峡によって北米と繋（つな）がった300万年前以降なのだ。

300万年は生物の進化にとっては、それほど長い時間ではない。セラードという極めて乾燥した環境で、これほど大きな実をつける特異な進化が、300万年の間に起きるとは到底思えない。

それに、タテガミオオカミに食べてもらうなら、ハンドボールのサイズでは大きすぎる。

ロベイラの巨大な実は、タテガミオオカミが南米にやってくる遥(はる)か昔から、別の動物に食べてもらうために、長い時間をかけて進化したと考えるのが妥当だろう。

ロベイラの実の大きさを考えると、それはかなり大きな草食動物だったに違いない。

実は、南米大陸には、今は絶滅してしまった巨大な哺乳類(ほにゅうるい)が闊歩(かっぽ)していた時代があるのだ。

絶滅した巨大哺乳類

南米は１億年前にアフリカ大陸から分かれて以来、３００万年前に北米と繋がるまで、他の陸地から隔離(かくり)されていた。そのため、他の大陸とは全く違う、独自の進化を遂げた哺乳類が数多く生息していた。全長６メートルにもなった地上性の巨大ナマケモノ、メガテリウムや、小型自動車ほどもあった巨大アルマジロ、グリプトドン、そして南蹄類(なんているい)と呼ばれるサイのような草食獣もいた。彼らがロベイラを食べていたのではないだろうか。

そうした巨大哺乳類は、１万年ほど前までは生きていたが、やはりパナマ地峡を渡ってやってきた人間によって絶滅に追い込まれてしまった。動きが鈍い巨大ナマケモノやアルマジロは、狩りの絶好の対象となったのだ。

植物とそれを食べる生きものの関係は非常に重要で、食べる生きものが絶滅すると植物は種を運んでもらえず、共に絶滅してしまうことが多い。しかしロベイラは、巨大哺乳類が絶滅した後も、北米から渡ってきたタテガミオオカミが新たなパートナーとなり、厳しい乾燥の大地を生き抜いてきたのだ。

そしてロベイラとタテガミオオカミの間には、本来の種子散布者である巨大哺乳類にはない特別な繋がりがある。それは高いところに糞をする、あのタテガミオオカミ独特の習性だ。

真っ平らな草原で高い場所といえば、アリ塚とハキリアリの巣ぐらいしかない。そして、ハキリアリは、タテガミオオカミの糞の中の種を取り出して巣に運んでいく。運び込まれていた種のほとんどは、噛み砕かれてキノコの栄養となるだろう。しかし、中にはそのままの形で残されるものもある。巣の中は、たっぷり葉っぱが運び込まれている栄養豊かな場所。運良く発芽できた種は、その栄養を使うことでグングン成長し、不毛の大地セラードで一年中、大きな実をつける木になるというわけだ。

実は、ロベイラと生きものとの繋がりのラストピースがここにある。ロベイラの木は、ハキリアリの巣の上にしか生えないのだ。

つまり、タテガミオオカミは、自分の命を永らえるためにロベイラの実を食べ、縄張りを宣言するためにハキリアリの巣の上に糞をする。ハキリアリは、キノコを育てるためにロベイラの種を巣に持ち帰る。ロベイラは、ハキリアリに持ち帰られることで栄養豊富な場所で成長し、大きな実をつけることができるというわけだ。

タテガミオオカミがハキリアリの巣の上に糞をするのは、その実を食べることで長生きできることへの、ロベイラに対する恩返しとしか思えないような偶然だ。

このアリとオオカミと樹の奇跡の繋がりは、まるで童話にでも出てきそうな話だが、人間が物語を作り出すよりもずっと前から、セラードという厳しい環境の中、共に生きていくために、互いに助け合う命の物語が紡（つむ）がれていたのだ。

遠くまで刈りにいくのはなぜか？

ここで不思議なのは、ロベイラの種を巣に運び入れ栄養を提供するハキリアリには、どんなメリットがあるのかということだ。一見するとアリは、ロベイラからもオオカミからも何の恩恵も受けていない。しかし、果たして本当にそうなのだろうか？

ここで思い出して欲しいのが、ハキリアリが葉っぱを刈り取るのは、いつも巣穴から100メートル以上も離れた場所だということ。巣の上にはセラードで最も大きなロベイラの木があり、沢山の葉っぱがあるにもかかわらずだ。

セラードには、雨季の間は緑の葉があるが、乾季には一滴の雨も降らないため当然、緑の葉もなくなってしまう。現地の人は、ハキリアリは乾季の間は巣から出てこず、キノコを食べて過ごすのだというが、本当にそうなのだろうか？　人間が注意を払っていないだけで、ハキリアリは乾季の本当に苦しい時にロベイラを頼りにするため、普段はわざわざ遠くまで葉を切りに行くのではないか。普段は互いのことをあまり気にしないが、自分が心底困っている時に助けてくれる。本当の友達とはそういうものだ。

そう想像するとすべてが繋がって、この物語の完成度がより高まるのだが、いかがだろうか？

タテガミオオカミが糞をする映像を

さて、この物語は、命の連鎖（れんさ）としてはよく出来ている。僕は、こういう生きもの同士の繋がりのストーリーが大好きだ。是非とも番組の中で取り上げたい。

しかしテレビは絵本と違い、自分たちで絵を描くことはできない。いくら素晴らしいお話があっても、それだけでは成立しない。見ている人にストーリーを納得してもらえるだけの映像が必要なのだ。

この物語を完成させるためには、タテガミオオカミがロベイラの実を食べ、アリ塚の上に糞をし、その中からロベイラの種をハキリアリが取り出して巣に運び込む映像が必要だ。

この中で最も難しかったのが、タテガミオオカミがアリ塚の上に糞をしているシーンの撮影だった。その映像がないと画竜点睛（がりょうてんせい）を欠く、というものだ。

そうはいっても、タテガミオオカミはかなりのレアキャラで、セラードでは他の番組も合わせると延べ半年ほど撮影をしていたが、ほとんど見かけたことはなかった。

ましてや、糞をしている瞬間を撮影しようなんて、自分で言い出しておきながら、気が遠くなるような難行である。

どんな生きものでも、糞をする時は無防備なので、デリケートになり警戒心が強くなるものだ。それを撮影する方法はただ1つ。糞が乗っていたアリ塚の中から条件が良さそうなものを選んで、自動で撮影できるセンサーカメラをセットすることだ。タテガミオオカミは夜行性。明かりをつけるとびっくりして逃げてしまうので、オオカミには見えない赤外線ライトを当てて撮影することにした。

しかし、タテガミオオカミの生態に関する情報はほとんどなく、どれくらいの頻度（ひんど）でカメラをセットしたアリ塚を訪れるのか全くわからない。待てど暮らせど、一向に現れる気配がないまま、時が過ぎていく。

もちろん、手をこまねいてただ待っていたわけではない。様々な場所で聞き込みを行い、チョコレートケーキを焼いていたら、タテガミオオカミが家の裏まで来て匂いを嗅（か）いでいた、と聞けば、誘き寄せるためにチョコレートを撒いてみたり、バナナが好きだと聞けばぶら下げてみたり、他のタテガミオオカミの糞を置いて警戒心を煽ってみたり、真偽不明の情報を集めては試してみた。

ひと月ほど悪戦苦闘し、ロケ期間の終わりも近づき、ほぼ諦めかけていた頃だった。いつものように、カメラをセットしているアリ塚に行ってみると、上に糞が乗っていたのだ。間違いなくタテガミオオカミの糞だ。鼓動が高鳴った。はやる気持ちを抑えてスタッフみんなで映像を確認した。

映っていたのは、画面の右奥からタテガミオオカミがやってきて、躊躇することなくアリ塚の上に跳び乗ると、器用に後ろ足を畳んで、落ちないように糞をして、ひょいと画面手前に飛び降りて去っていく姿だった。

その間、わずか30秒ほど。スタッフ全員から、声が上がった。強面なタテガミオオカミが糞をする姿は、警戒している様子もなく、何ともユーモラスだった。僕たちが何度か見たことがあるタテガミオオカミは、人間に対する警戒心が強いのか、いつも鋭い目をしていたが、こんなにもリラックスした、生きもの本来の表情まで完璧に捉えられるとは、思っていなかった。

セラードという厳しい環境で生きることを決めた、タテガミオオカミとロベイラ。その仲を取り持つように葉や種を運ぶハキリアリ。誰が欠けても成立しないこのような命の連鎖を見るたびに、どんな生きものも、自分だけでは生きていけないことを思い知らされる。すべての生きものは、周りの環境や生命の繫がりを守ることによって生き、生かされている。果たして僕たち人間は、環境や生きものとどんな繫がりを持っているのだろうか。

6

ジンベエザメ

海の巨人、大集結のひみつ

単独で放浪するジンベエザメ

世界最大の魚が数百匹

「カリブ海」という言葉には、どこか心がワクワクする響きがある。熱帯の明るい太陽がふりそそぐ、ターコイズブルーの海の色と白い砂浜の官能的なまでの美しさ。どこまでも透明なサンゴ礁を泳ぐ色とりどりの熱帯魚は、太平洋にいる馴染(なじ)みのある種類とは少し違っていて、魚マニアの心をくすぐる。

学生の頃からいつか潜(もぐ)ってみたいと思っていた憧れのカリブ海。音楽は、メレンゲ。カクテルはモヒート。映画は「パイレーツ・オブ・カリビアン」が大好きだ。

そんなカリブ海を代表するリゾート地がメキシコ、ユカタン半島の先端にある、絵に描いたような白い砂浜が20キロも続くカンクンだ。その美しい海岸線は、数十年前には、ほとんど建物も立っていないひなびた漁村だったという。しかし、アメリカから3時間ほどのフライトで到着する別世界は、今では100を超える豪華ホテルが立ち並び、年間300万人の観光客が訪れる世界屈指のリゾート地となっている。

そのカンクンの沖合に、毎年夏になるとある巨大生物が大挙して押し寄せてくることがわかったのは、ほんの10年ほど前のこと。その生きものとは、大きいものは全長12メートル、体重15トンを超える世界最大の魚、ジンベエザメだ。

サメといっても目立った歯はなく、食べ物は小さなプランクトン。大きな口を開け、海水ごと飲み込み、エラで漉し採って食べている。巨体を支えるのに必要な量の食べ物を得るために、1日にオリンピックプール2個分もの、膨大な海水をろ過しているというから驚きだ。

ジンベエザメは、ダイバーにとってマンタと並ぶ、一度は出会ってみたい憧れの大スター。しかし、マンタがある程度、見られる場所が決まっているのに対して、ジンベエザメは単独で大洋を泳いで旅をしながら生活する神出鬼没の放浪者。最近まで、確実に見られる場所は、知られていなかった。

それが、カンクンの沖では、毎年夏になると数百匹も集まってくるというのだ。一体なぜ、この場所に世界でも稀に見る、巨大生物の大集結が起きるのだろうか？

その謎を解くために、僕は憧れのカリブ海に向かった。

しかし、一口にカンクンの沖といってもカリブ海は広大だ。一体どこにジンベエザメが集まってくるというのだろうか？　ジンベエザメの大集合を初めて報告したメキシコ人海洋生物学者、ラファエル・デ・ラ・パラさんの元を訪ねた。

ラファエルさんによると、ジンベエザメが集まるのは、毎年7月から8月のおよそ2ヶ月間。場所はカンクンの沖合20キロほどの狭い海域だという。夜は深い海で過ごすジンベエザメが、午前中に水面に浮上して集まり、午後には再び深い場所へと潜っていくという。

ラファエルさんの案内で現場に向かうことになったが、出港は朝8時過ぎでいいと言う。やる気満々の僕たちは、5時ぐらいに出港するつもりでいたので、そんなに遅くていいのかと思ったが、実際に行ってみるとその理由がよくわかった。

翌朝、ボートで1時間ほど沖に向かって行くと、水平線に島影のようなものが見えてきた。地図を見ても、島などないはずの場所だ。

さらに近づいていくと、数十艘のボートが狭い範囲に集まっていて、まるで海上都市のようになっていた。ジンベエザメが集まることに目をつけたカンクンの観光業界が企画した、「ジンベエザメと一緒に泳ぐシュノーケリングツアー」が大人気で、シーズンのピークには、１００艘以上のボートが集まってくるというのだ。

50匹以上のジンベエザメ

ジンベエザメが水面に浮上してくる海域はある程度は決まっているが、毎日数キロ単位でズレるため、はじめに見つけるのが一番苦労する。だから毎朝、多くのボートが周辺を探しまわり、見つけたら連絡を取り合って、ジンベエザメが一番多いポイントに集まるのだそうだ。遅めに行った方が、ボートが集まっている場所を目指せばいいので、その日のポイントに楽にたどり着けるというわけだ。

船団に近づくと、ボートとボートの間には、無数の巨大な背ビレが見えている。ジンベエザメだ。見渡せる範囲だけで50匹以上確認できる。1匹でも見られれば幸運と言われるのに、これだけたくさん集まっている様子は圧巻だ。

早く水中で見たい衝動(しょうどう)に駆られるが、人が多いと撮影にならないので、しばらくは水面から観察することにした。

観光のボートには1艘あたり10人ほどが乗っていて、ゆっくり水面を泳いでいるジンベエザメの前方に回りこむと、ガイドの合図とともに2人が海に飛び込む。ジンベエザメがそのまま進んでいけば、目の前に来るのが見られるという寸法だ。

これを全員の分繰り返したあと、次の観光スポットに向かうため、ボートは大急ぎでカンクンへと帰って行く。昼の12時前、あれほどいたボートのほとんどが帰ったところで僕たちも海に入った。

同じ要領で、ジンベエザメの進行方向にボートを回して海に入ると、目の前に巨大な影が迫ってきた。

ジンベエザメは沖縄や横浜の水族館で見たことがあったが、水槽の中で泳いでいるのを見るのと、同じ水中を泳いで見るのでは感じ方がまったく違う。水中で見るジンベエザメには、圧倒的な存在感がある。プランクトンを食べ、人を襲うことはない安全な生きものだと頭ではわかっていても、近づいてくると息を呑むような緊張に、体が支配されるのだ。巨体なのでゆっくり動いているようにしか見えないが、圧倒されているうちに気がつくと、すぐ目の前に迫っていて驚くことになる。体長12メートル、重さ15トンにもなるジンベエザメは、クジラに次ぐ巨大生物だ。

重さが4~7トンある最大の陸上動物、アフリカゾウには、危なくてとても近づけない。手を伸ばせば触れるぐらいの距離感で、これほど大きな野生動物を安全に見られることは他にない。

目の前を通過していったジンベエザメの跡を追いかけようとしても、あっという間に見えなくなってしまう。ゆったりと泳いでいるように見えるジンベエザメも、追いかけるとなるとかなりの泳力が必要となる。

しかし、この場所なら、水面に浮かんでいると、次から次へとジンベエザメの方からやってくる。まるで渋谷のスクランブル交差点の真ん中に立っているようなものだ。

中には、真っすぐこちらに向かって泳いでくるものもいる。しかし、ぶつかって怪我するのではないかと焦(あせ)って逃げる必要はない。ジンベエザメの方で、避けてくれるのだ。彼らにしてみれば、水面に浮かんでいる人間など、ただの邪魔な浮遊物でしかない。

ちなみに、カンクン沖でのジンベエザメ観察のルールは、メキシコの国家機関、CONANP（国家自然保護地区委員会）によって、自分から近づかないこと、触らないこと、などが決められているのでご注意を。

なぜ熱帯のカリブ海に？

よく考えると、大量のプランクトンを食べるジンベエザメが透明なカリブ海に集まってくるのは、少しおかしな話なのだ。熱帯の海が透明なのは、水中を漂うプランクトンが少ないからだ。それは、強い太陽光線に温められ、水面の温度が高くなることに原因がある。

水は水温4度が一番重く、暖かくなればそれだけ、軽くなる。熱帯では水面の温度が30度近くになり、海底の冷たい水との温度差が大きすぎて、途中で水温が大きく変わる「水温躍層」というものができる。すると、その層の上と下とで別々の対流が起きてしまい、上と下の水が混ざり合わなくなるのだ。

海の栄養分の主なものは、プランクトンや生きものの死体が海底に沈んで堆積(たいせき)したもの。熱帯では、海底に沈んだ栄養が海面まで上がらずプランクトンが発生しにくいから、透明なのだ。

カリブ海は、もちろん熱帯の海。それなのになぜ、プランクトンを食べるジンベエザメが集まってくるのか？　その秘密は、壮大な地球の営みが作り出した、この場所独特の地形と海流の流れが関係している。

海峡に隠された仕掛け

ジンベエザメが集まるユカタン半島先端にあるカンクンの周辺を地図で見て欲しい。東側にキューバがあり、ハイチ、ドミニカ、プエルトリコと大きな島が連なっている。カリブ海とは、これらの島の連なりと南米大陸、そして西側を塞(ふさ)いでいるパナマ地峡（中米）で囲まれた海域のことだ。

カリブ海を流れる海流は、地図の右から左へと流れている。プエルトリコの側から流れてきた海流はパナマ地峡にぶつかり、行き場を失う。そしてカリブ海で唯一、海流の出口

カンクン周辺の地図。カリブ海の海流は右から左へと流れている

となる、ユカタン半島とキューバに挟まれた海峡へと進路を変える。

ここがただの抜け道ならば、非常に流れが強い海峡ということで話は終わってしまうが、実は生きものたちを引き寄せる仕掛けが隠されているのだ。

カリブ海は水深が平均して3000メートルほどある深い海だが、ユカタン半島とキューバの周辺は急に浅くなっている。この2つの陸地に挟まれた海峡の水深は、100メートルほどしかないのだ。

一体どのようにして、深海から一気に浅くなる地形ができたのだろうか？

地球は、表面を覆う「プレート」と呼ばれる固い岩盤がゆっくりと動くことで大陸が徐々に移動し、現在の姿になっていることはよく知られている。北米と南米の間にあるカリブ海は、プレートの中でも小さいカリブプレートの上に乗っている。

北には北アメリカプレート、南には南アメリカプレートという巨大なプレートがあり、西にはナスカプレートとココスプレートがある。

カリブ海では、この5つのプレートがせめぎ合い、その複雑な動きが様々な地殻変動を起こしてきた。毎年夏に数百匹のジンベエザメが大集結するのは、1億年以上の時間をかけて、この地域で積み重ねられてきた壮大な地球の営みの、最終章なのだ。

サンゴ礁が隆起して生まれたユカタン半島

そのストーリーの第1章は、1億年以上前にユカタン半島が隆起したことから始まる。

ユカタン半島沿岸には、全長1000キロ近くにもなる、グレート・バリア・リーフに次ぐ世界で2番目の規模の大サンゴ礁がある。実はユカタン半島自体も、1億数千万年前にカリブプレートが北西に動いたことで、巨大なサンゴ礁が隆起して生まれたのだ。

ユカタン半島が元はサンゴ礁だったことは、その地形からもうかがえる。分厚い石灰岩でできた、日本の本州の半分ほどの広大な大地は、山がなく真っ平らなのだ。

サンゴは、太陽の光を浴びて光合成をして、石灰分の骨格を作りながら成長するため、サンゴ礁は浅い海で海面に合わせて均一に発達する。それがそのまま隆起したため、ユカタン半島には、ほとんど起伏がないのだ。

第2章は、およそ4000万年前のキューバの誕生だ。カリブプレートが動く向きを北東に変えたことで、ユカタン半島の東側の地殻が隆起した。そこがユカタン半島の先端から200キロほどの地点だったために、両所の間に浅い海峡ができたのだ。

6000万年以上の時間差を経て舞台は整った。しかし、舞台だけあっても役者は集まってこない。大物を呼ぶためには、魅力的な舞台装置が必要だ。

ここを、世界でも類を見ない巨大生物が集まる場所にした最後の仕掛けが、物語の第3章、海流の方向転換が起きたことだ。

キューバが隆起した頃のカリブ海はまだ太平洋と繋がっていて、海流は大西洋からカリブ海を通り、そのまま太平洋へと抜けていた。しかし、およそ1500万年前からカリブプレートの下にココスプレートが沈み込むことによって、2つのプレートの境界で火山活動が活発になり、火山島ができ始めた。

そして海底の隆起や堆積物の蓄積により火山島同士が繋(つな)がり、およそ300万年前に、北米と南米を繋ぐパナマ地峡が誕生することになる。これにより、それまで太平洋に抜けていた海流が行き場を失い、唯一の出口となった、ユカタン半島とキューバに挟まれた幅

200キロ、深さ100メートルの海峡に向かったのだ。

深さ3000メートルのカリブ海を流れてきた海流が突然、水深100メートルしかない海峡にぶつかることで、海底に溜まっていた栄養豊かな水を水面まで押し上げるようになった。熱帯の太陽が当たる水面まで水が押し上げられたため、植物プランクトンが大発生し、それを求めて様々な生きものが集まってくる豊かな海となったのだ。

ユカタン半島の沖が世界でも他に例がない、ジンベエザメが大集結する場所になったのは、1億年をかけた地形と海流の奇跡的な出会いがあったからなのだ。

なぜ夏だけに集まるのか?

もう一つ不思議なことがある。ジンベエザメが押し寄せてくるのは決まって、7月から8月の夏だけ。それ以外の季節にもいるにはいるが、大集結はしない。海流は1年を通して流れているので、プランクトンはいつも発生しているはずなのに、なぜジンベエザメは夏にだけ集まってくるのだろうか?

その疑問を解くヒントになるジンベエザメの行動がある。通常、大きな口を開けながら泳いで海水を口に取り込むジンベエザメが、大集結する場所ではよく、水面に対して垂直になる立ち泳ぎをして、水面近くの海水を豪快に吸い込むのだ。

これは、水面に浮かぶ食べ物を一気に飲み込むのには都合が良い方法だが、プランクトンは光が届く浅い場所に満遍なくいるはずで、水面だけに浮かんでいるわけではない。食べているジンベエザメの口元を目を凝らして見ても、モヤモヤと霞んでいるように見えるだけで、何を食べているのか、その正体はよくわからない。ジンベエザメが立ち泳ぎまでして食べる、水面近くに浮かぶ物とは何なのだろうか？

不思議に思っていると、ラファエルさんがその正体を見せてくれると言って、ジンベエザメが集結している海面にプランクトンネットを引いて、食べているものを採取してくれた。ネットの口径は、ジンベエザメの口の大きさとほぼ同じだという。

プランクトンネットを、海中に入れてから3分後に引き上げてみると、中には黄色味を帯びた透明な粒々が大量に入っていた。重さは2キロほどある。これが、水面がモヤモヤしていた物の正体、魚の卵だ。

粒の大きさは、回転寿司で出てくるとびっ子ぐらい。食べるとプチプチして、まるで明太子のようで美味しい。これは、タイセイヨウヤイトというカツオの仲間の卵なのだ。

暖かい水温を好むタイセイヨウヤイトの産卵期は夏。カリブ海のあちらこちらから集まって来て、およそ2ヶ月間、毎日のように産卵するという。ここに集まって産卵するのは、孵化した稚魚がはじめに食べるプランクトンが豊富なため。つまり、ジンベエザメは、この場所で大発生するプランクトンの恩恵を、間接的に受けているのだ。

一度の産卵に集まるタイセイヨウヤイトの数は、数万匹。産卵は、深い場所で集まり、夜中から明け方に行われるという。

卵は孵化までの24時間、水面に浮かぶ。日によって産卵する場所が微妙に違うため、毎朝ジンベエザメが集まるのも、数キロ単位でズレるというわけだ。

しかし、ジンベエザメは、毎日変わる卵のありかを、どうやって探すのだろうか？　ラファエルさんによると、どうやら、卵の匂(にお)いに惹(ひ)きつけられるらしい。産み落とされた卵の量が多いと数百匹のジンベエザメが集まり、少ないと10匹程度しか集まらない。そして、お昼すぎにあらかた食べてしまうと、また深い場所へと潜って翌日の産卵を待つのだ。

タイセイヨウヤイトが産む卵の数は、１日数億個にもなるという。ジンベエザメの口の大きさとほぼ同じプランクトンネットで、３分間に取れる卵の量はおよそ２キロ。単純計算すると、２時間でおよそ80キロ近い卵を食べられることになる。

栄養豊かな卵を１日80キロも食べることができるこの場所は、ジンベエザメにとってまさに楽園。大量の卵を食べられることを記憶していて、カリブ海からはもとより、ふだんは大西洋に散らばって生活しているジンベエザメが、夏になればユカタン半島沖を目指して集まってくるのだ。

ユカタン半島沖はお見合いの場？

ラファエルさんは、この大集結にはもうひとつ、重要な意味があるのではないかと考えている。それは、繁殖だ。

ジンベエザメの繁殖はいまだ謎に包まれている。オスには「交接器」と呼ばれるメスに精子を渡す器官があり、台湾で捕獲されたメスのお腹から、300匹の稚魚が出てきたことがある。

これらのことから、ジンベエザメはオスとメスが「交接」（哺乳類でいう交尾）を行い、メスのお腹の中で卵が孵化して成長し稚魚の形で生まれてくる、「卵胎生」という繁殖方法をとっていることがわかっている。

繁殖のためには、オスとメスがどこかで出会わなければならないが、普段、大海原（おおうなばら）で単独生活しているオスとメスがどこで出会うのかは、いまだに謎のままなのだ。

世界最大の魚とはいえ、海で偶然出会うことに頼っていては、安定的に子孫を残すことはできない。どこかに、オスとメスが出会う場所があるはずだと考えられてきた。

ラファエルさんは年に一度、これだけ多くのジンベエザメが確実に集まってくるこの海域こそ、オスとメスが出会うお見合いの場所だと確信している。しかし残念ながら、交接が確認されたことはない。昼間は食べるのに夢中で、それどころではないらしい。秘めごとは、夜か深い海の中で行われていると、ラファエルさんは考えている。

また、ジンベエザメがいつどこで稚魚を産むのかについても、まだ確認されていない。しかし、ラファエルさんは、これについてもある仮説を持っている。

2013年に発表された論文で、ラファエルさんたちの研究チームは、ユカタン半島沖に集まったジンベエザメのうち、11匹にGPSを取り付けて追跡した結果を発表した。

9月になり、タイセイヨウヤイトの産卵シーズンが終わると、GPSをつけた11匹のジンベエザメたちは、近くに留まるもの、海峡を越えてメキシコ湾に行くもの、カリブ海へと泳ぎだすものなど、バラバラに散っていった。

ラファエルさんは、その中の1匹、リオレディと名づけた体長10メートル近いメスのジンベエザメの動きに、特に注目していた。GPSを取り付けた時にお腹が大きく膨らんでいて、明らかに稚魚がいたからだ。

リオレディの動きは極めて特異なものだった。他のジンベエザメが特定の海域から大きく動かなかったのに対し、ユカタン半島を離れ、カリブ海を東に向かって一直線に泳ぎ始めたリオレディは、大西洋に出て、さらに東を目指したのだ。

そして、1月にリオレディがたどり着いたのは、なんとユカタン半島から7000キロ以上離れたブラジル沖、大西洋の真っ只中にある絶海の孤島、サンペドロ・サンパウロ群島だったのだ。リオレディが4ヶ月の間、途中、どこにも寄らず、ほとんど一直線に泳いで行った目的は、出産だったとラファエルさんは、考えている。

もちろん、当て推量だけで言っているのではない。その海域では、生まれて間もないと思われる非常に小さなジンベエザメの子どもが過去に何度か目撃されているのだ。

もちろん、本当のところは誰にもわからない。しかし、大西洋のど真ん中にジンベエザメが出産する秘密の場所があり、そこに多くのメスのジンベエザメが集まり、生まれたばかりの赤ちゃんジンベエザメが群れを成して泳いでいる。そんな、人の目には決して触れることのない、ジンベエザメの楽園があるかもしれないのだ。

ジンベエザメは、ヒレにある傷や全身にある水玉模様の配置が個々に違うため、個体識別ができる。GPSが外れ追跡できなくなったリオレディは数年後、再びユカタン半島沖に戻ってきたことが、ラファエルさんによって確認されている。

地球上のすべてのジンベエザメは1つの家族

巨大なジンベエザメの移動距離は桁違い(けたちが)に長い。これまでの調査で確実にわかっている最長の距離は、メキシコの太平洋側からハワイを経てマリアナ海溝まで、足掛け3年で実に2万142キロだった。3年で地球半周分にもなる距離を動くジンベエザメは、70年以上生きると言われており、その生涯で泳ぐ距離は、地球を何周もできる計算だ。

寿命が長く、長距離を移動するジンベエザメには、他の海洋生物にはない、ある特徴がある。2007年、太平洋と大西洋そしてインド洋に棲むジンベエザメの遺伝子を比較した研究で、驚くべき結果が報告された。それぞれの地域に棲む個体間の遺伝子的な変異がほとんど見られず、地球上に棲（す）むすべてのジンベエザメは、1つの家族のようなものと考えられるというのだ。

通常、離れた場所に生きる生きものは、同種であっても長年交流がなければ、それぞれの遺伝子が変化して、やがて別の種になる。世界中の海は繋がっているが、大西洋と太平洋は、大きな陸地で隔（へだ）てられていて、北極か南極の近くを通ってしか行き来ができない。

ジンベエザメは、世界中の熱帯から亜熱帯の暖かい海で生活していて、水温が20度以下の海ではほとんど見られない。大西洋に棲むものが、インド洋や太平洋の個体と交流するためには、冷たい海を越えなければならないことから、太平洋と大西洋に棲むジンベエザメは、交流していないと考えられていた。普通に考えると、大西洋のジンベエザメは、300万年前にパナマ地峡が閉じてからは、交流していないはずなのだ。

そんな昔に離れ離れになった2つの大洋に棲むジンベエザメの遺伝的な変異が、ほとんどないというのはどういうことなのだろうか？

普段は、暖かい海にしか生息していないジンベエザメだが、一方で1000メートルを超える深海まで、頻繁に潜ることもわかっている。その深さになると熱帯でも水温が10度程度になるため、ジンベエザメは、意外と低温でも生きていけるのではないだろうか？

つまり人間が知らないだけで、アフリカや南米の南を超えて行き来している可能性は否定できない。生きものは、まだまだわからないことだらけ。そして、人間が頭で考える常識を、軽々と超えて行く力強い生命力を持っているのだ。

ジンベエザメはなぜ誕生したのか？

実は、ジンベエザメとユカタン半島の物語は、これだけでは終わらない。ここまでが本編だとすれば、それに負けず劣らず地球の神秘を感じさせてくれるサイドストーリーがある。それは、ジンベエザメ誕生に関わる物語だ。

サメの起源は古く、およそ4億年前のデボン紀に出現したとされている。しかし、ジンベエザメが地球上に出現したのは、意外と新しくおよそ6000万年前だと考えられている。考えられているというのは、化石の証拠が見つかっていないからだ。

サメは軟骨魚類と言って、骨が柔らかく硬い歯以外は化石としてほとんど残らない。ジンベエザメは、肉食のサメと違い大きな歯がないので、化石が見つからないのだ。

数億年前からいた他のサメに比べると、ジンベエザメは突然、地球上に誕生したようなイメージがある。その背景には、ジンベエザメが現れる前の海を支配していた巨大魚の存在があるのだ。地球史上最大の魚、リードシクティスだ。

リードシクティスは、現代の主要な魚と同じ硬骨魚類。サメと違い頑丈な骨があるため、化石が残されていて、そこから推定される体長は17メートルにもなったと考えられている。食べ物は、ジンベエザメと同じプランクトン。やはり巨大な口を開けて大量のプランクトンを食べ、太古の海に君臨していたのだ。

しかし、その支配は突然、終わりを迎える。その原因となったのが、６６００万年前に地球に衝突し、恐竜をはじめとする多くの生きものを絶滅させた巨大隕石だ。隕石衝突によって舞い上がった大量の粉塵が地球を覆い、太陽の光が遮られたため、陸上の植物が衰退。食べ物が少なくなったことで、巨大な恐竜をはじめ、多くの生きものが絶滅した。

もちろん、陸上だけでなく、海の生態系にも多大な影響を与えた。植物プランクトンも激減し、リードシクティスは、その巨体を支えることができなくなり、絶滅したと考えられている。

その一方で、サメの中では小型で海底に棲み、あまり動き回らず小さな生きものを食べるテンジクザメの仲間は生き残った。

隕石衝突から長い年月の後、太陽は再び地球を照らしはじめた。植物プランクトンも徐々に回復し、海の中には、大量のプランクトンが発生したが、リードシクティスが絶滅したので、それを食べる大型の魚類はいなかった。

そこに目をつけたのが、当時、海の底に棲んでいたテンジクザメの仲間。有り余るプランクトンを食べることで体は巨大化し、ジンベエザメに進化したと考えられているのだ。


実は、地球の運命を大きく変えた、巨大隕石の衝突場所がユカタン半島なのだ。ユカタン半島の北側には、直径170キロにもなるクレーターの痕跡があり、様々な調査の結果、6600万年前の隕石によってできたことがわかっている。

1億年以上前に起きたユカタン半島の隆起。4000万年前に起きたキューバの隆起。300万年前に成立したパナマ地峡。そして、6600万年前に地球に衝突した隕石。これらすべてがユカタン半島周辺で起き、いまジンベエザメが大集結する場所ができたのだ。なんという奇跡だろうか。

すべては過去に起きた偶然の出来事。しかし、この中のひとつが欠けても、ユカタン半島沖でのジンベエザメ大集結は起こらなかった。地球上のすべての偶然は、いま僕たちが見ている地球の姿を作り上げるための必然だったのだ。

もちろんそれは、ジンベエザメだけの特別なものではない。地球に生きるあらゆる生きものは、何億年もの間に起きた様々な偶然と必然が積み重なった結果として、いまその生命を生きている。

数百匹のジンベエザメが大集結するこの奇跡のような現象は、おそらく何万年も前から今の場所で起こっていたに違いない。しかし、人間がそれを発見したのは、21世紀に入ってからだ。

この事実は、僕たち人間が知っている地球や生きもののことなど、まだほんの少しでしかないということを教えてくれている。

7
オオアリクイ
哺乳類きっての変わりもの

アリ塚を壊すオオアリクイ

旗のように大きい尻尾

奇想天外な動物と聞いて、どんなものを思い浮かべるだろうか？

ここでいう動物とは、哺乳類（ほにゅうるい）に限る。魚、両生類、爬虫類（はちゅうるい）、虫には、奇想天外なものはいくらでもいる。しかし、哺乳類は、顔には目と耳が２つずつ、鼻と口が１つずつ、手足が２本ずつあり、体には毛が生えていて、体温が36度前後の恒温と、基本的な体の構造は人間と同じなので、奇想天外な生きものはそうそういない。

しかし、僕がブラジルで出会った哺乳類は、抜群に得体（えたい）の知れない奴なのだ。それはオオアリクイ。南米と中米にしか棲（す）んでいない、哺乳類きっての変わりものだ。

オオアリクイは、その名の通り、アリやシロアリを主食にする、アリクイの仲間の中で最も大きなものだ。頭からお尻まで１２０センチ、尾の長さは１００センチ、体重は30キロほど。小さなアリだけを食べて、よくもこんなに大きくなれるものだと思うぐらい、立派な体つきをしている。

毛の色は黒、白、褐色（かっしょく）で、ナイロン箒（ほうき）のように長くて太くて硬い剛毛が、顔をのぞく全身に生えている。肩から背中にかけて、黒と白いラインが斜めに入ったかなりオシャレな模様がある。

尻尾が体と同じくらい大きいのもかなり特徴的で、体に対してこんなに大きな尾を持つ哺乳類は、ほかに思い浮かばない。ブラジルではオオアリクイを「タマンドゥア・バンデイラ」と呼ぶ。タマンドゥアは、アリクイの仲間を表す言葉。バンデイラは、ポルトガル語で旗を意味している。尻尾がまるで旗のように大きいからだ。

この大きな尻尾は、ほとんどが長い毛で、実は意外と役に立つ。これのおかげで、オオアリクイの大きさは、本来の倍のサイズに見える。体を大きく見せるのは、外敵から襲われにくくするための常套（じょうとう）手段だ。

そして、尻尾のほうが襲われても、ほとんど毛なのでダメージを受けず逃げ切れる可能性が高いし、寝る時にはぐるっと体に巻きつければ毛布の代わりにもなる。

しかし、生物学的にオオアリクイが哺乳類として最も変わっているのは、実はその外見ではない。骨の構造がほかと大きく違っているのだ。

オオアリクイをはじめ、ナマケモノやアルマジロなど南米固有の哺乳類は、異節類と呼ばれている。文字通り、他の哺乳類とは、異なる形の関節を持っているからだ。具体的には、背骨に他の哺乳類には見られない付随的な関節があり、骨盤の構造も異なっている。

一般に、生きものの分類で重要視されるのは骨であり、種類が違っても、その数や形など基本的な構造は同じなのだ。よく知られているように、キリンの首がいくら長くても、骨の数は人間と同じ7個だし、クジラの胸ビレの中には指の骨が5本残されている。

しかし、異節類の首の骨は6個から9個と、種類によってばらつきがある。骨の数や形が違うのは、分類的にはかなり離れていることを意味している。

胎盤を持つ哺乳類の中で、異節類は我々人類から最も遠く離れた仲間だと言える。その理由は、地球の歴史で考えると、南米大陸はつい最近まで、他の大陸から1億年もの間、隔離されていたからだ。

かつて地球には、現在のアフリカ大陸と南米大陸などが繋がったゴンドワナという超大陸があり、そこに極めて原始的な哺乳類の祖先が生息していた。その頃の地球は、恐竜が全盛の時代。哺乳類の祖先はネズミほどの大きさで、恐竜が寝静まった夜に活動していた。

およそ1億年前、ゴンドワナからアフリカと南米が分裂を始めると、哺乳類の祖先はそれぞれの大陸で、別々の進化の道を歩むことになる。哺乳類が爆発的に分化したのは、恐竜が絶滅した6600万年前からのこと。それよりもはるか昔に分かれてしまった南米の哺乳類が、僕たちがよく知るイヌやサルなどとは全く違う進化を遂げたのも無理はない。しかし、体毛があり、恒温で、胎盤があって赤ちゃんを出産するなど、基本的な哺乳類の特徴はしっかりと備えているのだ。

奇想天外な5つの特徴

オオアリクイのどこが普通の哺乳類と違うかは、わかっていただけたと思うが、僕が本当に奇想天外だと思うのはここからだ。オオアリクイに特徴的な点を挙げてみると、

①顔が細長く、体の大きさに対して頭が異常に小さい
②爪が異常に大きい
③歯が1本もない
④舌が異常に長い
⑤体温が哺乳類で最も低い

となる。どうしてこんなにもほかの哺乳類と違うのかといえば、この5つは、オオアリクイがアリやシロアリを主食としていることと、密接な関係があるからなのだ。

アリやシロアリは、僕たちが普通に知っている目に見える生きものとしては、地球上で

最も数が多いと言われている。どれくらい多いか、実際に数えた人はいないが、イギリスの昆虫学者のB・C・ウィリアムが地球上にいる昆虫の数は100京（1兆の100万倍）匹という推定をしている。アリはだいたい昆虫の1％を占めるので、1京（1兆の1万倍）匹いると推測されるのだ。

これはアリだけの数でシロアリは含まれていない。そしてこの2つの生きものは、数億年前から生きていて、人類が絶滅してもアリやシロアリが絶滅することはない、と言われている。つまり、決してなくなることのない安定した食料資源なのだ。

そんなに優良な食料であるにもかかわらず、アリやシロアリを主食としている哺乳類は、アリクイの仲間を除くと、アルマジロ、センザンコウ、ツチブタぐらいと決して多くない。それは、アリやシロアリだけを食べて生きていくのは難しいからだ。

栄養摂取量は人間の4分の1？

先に挙げた5つのオオアリクイの特徴が、どのようにアリを食べて生きることと関わっているのか。そして、それがいかに特殊なことなのかを順番に見ていくことにしよう。

①頭が異常に小さい

オオアリクイは体に対する頭の大きさが、哺乳類としては最も小さい。顔の形が細長いのは、アリやシロアリの巣穴に口先を突っ込むのに便利だろう。

頭蓋骨(ずがいこつ)の標本を見ると、アゴが筒状で細長く、そこから連続している脳が入るスペースも、非常にコンパクトになっている。まるで最新型の新幹線のような形なのだ。しかし、頭が細長いということは、そこに収まっている脳も小さいということだ。

脳の大きさは大粒の梅干しぐらいで、体に対する比率では哺乳類で最も小さいという。

哺乳類といえば、脳が大きく、賢いイメージがあるが、オオアリクイには当てはまりそうにもない。脳が小さいことに、一体どんな意味があるのだろうか。

実は、脳は体の中で最もエネルギーを消費する臓器で、小さいとそれだけ省エネで済む。オオアリクイにとって、エネルギーを使わないことは、他の生きもの以上に大切なのだ。それは、エネルギーを得るための食べ物が、アリやシロアリだけということと関係している。

オオアリクイは1日に3万匹のシロアリを食べると言われているが、それがどれくらいの量なのかなかなか想像ができない。いろいろと調べてみると、2006年に近畿大学農学部の板倉修司教授が出した論文に、シロアリの働きアリの重量は1匹3ミリグラムで、100グラム当たりおよそ600キロカロリーというデータがあった。すると3万匹であれば90グラムで540キロカロリーということになる。

人間の大人が1日に必要とするのは、およそ2000から2400キロカロリーとされているので、オオアリクイはその4分の1しか栄養を摂っていないことになる。オオアリクイの体重が30キロであることをふまえても、かなりの栄養不足な気がする。

オオアリクイは、無尽蔵にいるアリやシロアリを食べることに特化したことで、食べ物に困ることはなくなったが、エネルギー面ではかなり節約して生活しなければならない運命にあるのだ。

人間では、全エネルギーの20%を脳が消費すると言われている。脳が小さければ、その分エネルギーが節約できるのだ。オオアリクイのように、あまり物事に思い悩まず生きるのであれば、脳は意外と小さくて済むのかもしれない。

②爪が異常に大きい

頭が小さいのとは対照的に、爪は異常に大きい。前足には、まるでバールの先のようにカーブした、長さ10センチほどの太い爪が2本ある。

体に対する爪の大きさは、哺乳類の中でもトップクラス。その使いかたは正にバールと同じで、カーブした爪の先をアリ塚の凹みに突き立て、テコの原理で、コンクリートのように硬い塚を壊し、中にいるシロアリを食べる。

この大きな爪は、オオアリクイ唯一の身を守る武器でもある。動きが鈍く、襲われた時に素早く逃げることができないオオアリクイは、外敵が来るとシッポを支えに後ろ足で立ち上がり、大きな爪のある前足を振り回して威嚇する。万が一、襲いかかられたら、敵に抱きついて爪を食い込ませて締め上げるという。ベアハッグならぬアリクイハッグだ。

この攻撃はかなり強力で、南米最大の捕食者、ジャガーも恐れをなし、出会ってもめったに襲うことはないという。映像でしか見たことはないが、ジャガーは目と鼻の先にオオアリクイがいるのに襲いかからず、悠々と歩き去っていくのをじっと見送るだけだった。人間がオオアリクイに襲われて死亡する事故も、10年に1度ほど報告されている。

そんな爪は、オオアリクイにとっては、正に生きていくための生命線。歩く時には、傷つけないように爪を内側に曲げ、手の甲を地面に着ける「ナックルウォーク」である。

③歯が1本もない

オオアリクイには、歯が1本もない。食べ物をアリやシロアリに特化したことで、物を噛む必要がなくなり歯を失ったのだ。アゴも噛むための機能はなくなり、アリを食べる時に巣穴に舌を出し入れするための、特殊な進化を遂げているという。

発見したのは、様々な生きものの解剖を行い、骨格の構造からその仕組みを解き明かしている東京大学総合研究博物館の遠藤秀紀教授だが、その内容は、次の舌の話で。

④舌が異常に長い

アリクイ亜目の学名は、Vermilingua。これはラテン語で「ミミズ状の舌」を意味している。アリクイの舌の形は学名になるほど、特徴的ということだ。オオアリクイの舌は長さ60センチほどあり、筋肉でできた直径1センチほどの棒のような形をしている。頭の先からお尻までがおよそ120センチだから、体の半分の長さということになる。そんなに長い舌が、一体どこに収まっているのだろうか。

実は、舌の根元は、なんと胸の骨にひっついているのだ。長い舌はいくつかの組織が繋がって構成されていて、舌と喉頭(いんとう)を支えている舌骨組織と呼ばれる器官により、完全に収縮した状態から伸ばした状態まで、舌全体の長さを35%も変化させることができるという。そうして伸び縮みさせることで、口の先から舌を30センチ以上外に出し、アリやシロアリの巣の奥深くまで入れて、舐(な)めとって食べているのだ。

しかも、舌を出し入れする速さは、1分間に150回。1秒あたり2・5回というから驚きだ。一体、どうやってそんなに速く舌を出し入れすることができるのだろうか？

この特殊な舌の出し入れを可能にする機能が、下アゴの動きにあることを突き止めたのが、東京大学の遠藤教授だ。

通常、食べる時の上アゴと下アゴは、上下に動いて物を噛みちぎり、前後、左右に動いて咀嚼（そしゃく）する。しかし、オオアリクイは歯がないので全く違う動きをする。下アゴが左右2つに分かれていて、正面から見ると上アゴとの接点を支点にして、左右に八の字に広げたり閉じたりすることができる。これが、高速で出し入れできる舌の動きと関係しているという。

皆さんも、舌をできるだけ長く、前の方に突き出してみてほしい。ほっぺが引っ込み、口がすぼまると思う。つまり、オオアリクイは、舌を出す時には下アゴの骨を閉じ、引っ込める時には開くことで筋肉の動きをサポートし、高速の出し入れを可能にしていたのだ。

ここで疑問に思うのは、どのようにして舌でアリを捕まえるのか、ということだ。細長い舌をトンネル状のアリの巣の中に入れて、そのまま口の中に戻すので、アリを巻き取ったりすることはできないからだ。

オオアリクイが巣の中のシロアリを食べる時の舌の動きを、20倍のスローモーションで見られるハイスピードカメラで撮影した映像を見て驚いた。アリクイの舌がシロアリのいる場所まで伸びて来ると、舌から出ている糸のようなものがシロアリをからめ取り、口に戻る時、その糸にシロアリが引っ張られ、持って行かれていたのだ。この糸の正体は、オオアリクイの唾液腺から分泌される粘液だ。

では、シロアリをからめ取るほどネバネバしている粘液が付いた舌を1分間に150回も出し入れしながら、なぜ口の周りがベトベトにならないのか？

オオアリクイは、かなりのおちょぼ口。接着剤をつけた棒を出し入れさせると、口の周りは接着剤だらけになってやがて固まり、シロアリを食べるどころではなくなる気がする。しかし当然ながら、そんなことにはならない。

その理由は、飼育されているオオアリクイに舐められた時にわかった。よそ見している間にオオアリクイに手をペロリと舐められた瞬間、ネバネバした粘液が手に付いた。あー、ネバネバして気持ち悪いと思って、その部分を指で触ってみると、すでに粘り気はなくなっていたのだ。

つまり、オオアリクイの舌の粘液は、シロアリをくっつける瞬間には粘り気があるのに、口に戻った時には粘着性がなくなるのだ。

こんな接着剤ってどこかにあるのだろうか？　僕には思いつかないが、何かすごく有効な使い道があるのではないか？

一体、どのような分子構造になっているのだろうか？　誰か研究しているのだろうか？

こんな優れた接着剤があれば、ノーベル化学賞も夢ではないのではないか？　などと妄想したりする。

⑤体温が低い

摂取できるカロリーが限られているオオアリクイは、そのエネルギー収支がギリギリでもプラスになる範囲で生きていかなければならない。最も簡単なのは、基礎代謝を抑えることだ。基礎代謝とは、心臓が動いたり呼吸をしたり体温を保つなど、生命活動を維持するため自動的に行われる活動に、最低限必要なエネルギーのこと。

中でも、哺乳類である我々は、体温を維持するために多くのエネルギーを使う。オオアリクイの平均体温は32・7度と、哺乳類としてはかなり低い。そして、1日に14時間寝るのも、余計なカロリーを消費しないためなのだろう。オオアリクイが素早く動けないのは、基礎代謝が低いため。その理由も結局は、アリやシロアリしか食べないことにある。

そして、摂取カロリーの少なさは、子どもの数にも影響してくる。一生のうちにもうけられる子どもが少ないのだ。メスは、およそ半年の妊娠期間の後、1匹の赤ちゃんを産む。出産直後の赤ちゃんの体重は、1・3キロほど。オオアリクイの栄養状態を考えると、かなり大きい。人間と違ってオオアリクイの赤ちゃんは、生まれてすぐに自分の力で母親の背中にしがみつかなければならないので、これがギリギリのサイズなのだろう。

赤ちゃんはすでに毛が生え揃って(そろ)いて、母親の肩から背中にかけての白と黒のラインに沿って抱きつく。オオアリクイ独特のオシャレな模様は、子どもが母親の背に乗っている時に、その模様に溶け込み(と)、カモフラージュして外敵から守るためという説がある。確かに、背中にいる子どもが目立たなくなる気がする。

人工的な飼育下では、授乳期間は6ヶ月ほどで、子どもは9ヶ月間、母親の背中に乗っているとされる。しかし、野生で見る限りはそれよりも長く、母親から独立する2歳頃までは背中にしがみついているようだ。

僕たちがブラジルで追いかけていた親子も、大きさが母親の半分以上ある子どもが、まだ背中に乗っていた。当然、その間は次の子どもを産むことはできないので、2年に1回、1匹の子どもしか育てられない。オオアリクイの野生での寿命はおよそ15年。性成熟するのに4年かかるといわれているので、生涯で育てられる子どもの数は、5から6匹ほどだ。

これは、野生動物としては、かなり少ない。しかし、彼らのライフスタイルでは、これ以上子どもの数を増やすのは難しいので、一度、数が減ってしまったら回復するには長い時間がかかるのだ。

以上、①から⑤まで、ことほど左様に、オオアリクイが、独自の進化を遂げて生き残ってきたことを述べてきた。そのどれもが、アリやシロアリを主食としている結果であることがわかる。こんな哺乳類はそうそういないと思うと同時に、すべてがギリギリの中で、周りとの調和を保ちながら生きる姿を見ていると、煩悩にまみれ、好きなものを好きなだけ食べて生きている自分の生活を、大いに反省させられる。

もう一つ注目すべき点は、オオアリクイの食事の作法だ。1つのアリ塚で食べる時間は、ほんの3分ほど。意外なぐらいあっさりと食べ終えて次のアリ塚を目指す。いったいなぜ、こんな食べ方をするのだろうか?

普通に考えれば、一度見つけたアリ塚は、徹底的に食べる方が理にかなっている。しかし、オオアリクイがそうしないのには訳がある。食べ尽くしてしまうと、そのアリ塚が崩壊するか、あるいは崩壊しなくても回復するまでに長い時間がかかる。そこで、1つのアリ塚で食べる量を抑えてダメージを少なくし、またすぐに食べられるように回復させようという訳だ。目先の利益よりも資源の保護、将来の安定、つまり人間が最近になってようやく気がついた持続可能性(サステナビリティ)が、オオアリクイの遺伝子には、当たり前のこととして刻み込まれているのだ。

1ヶ所で少しずつ食べるオオアリクイは、多くのアリ塚を歩き回らなければならない。歩き回るために消費するカロリーが、得られるカロリーを上回っては生きていけないオオアリクイにとって、これはかなり厄介な問題に違いない。

それでも、生きていくためにはアリやシロアリに頼らざるを得ないオオアリクイが見つけた妥協点が、限りある資源を少しずつ食べることだったのだ。

嗅覚は人間の40倍

奇想天外でありながら、環境に対しては優等生なオオアリクイを撮影する方法は、他の生きものとは、かなり違っている。

オオアリクイは目が悪く、耳は人間と同じか、少し劣るくらいだと思われる。代わりに嗅覚は、人間の40倍といわれるほど鋭い。そんなオオアリクイを近くで撮影するため追いかけるときは、こちらの姿が見えることは、あまり気にしないで済む。その代わり、風向きには最大限の注意を払う。風下から追いかければ、こちらの匂いに気づかれずに50メートルぐらいの距離までは、苦もなく近づけるのだ。

風がある程度吹いている時はいいのだが、微風の時は面倒だ。常に風向きに気を配らなければならず、こちらが風上になりそうな時には、かなり大回りして風下側に逃げなければならない。いくら気をつけていても、いつの間にか風向きが変わり風上になると、100メートル以上離れていても、一目散に逃げられてしまう。数時間の努力が無駄になったことも、一度や二度ではなかった。

風下から徐々に距離を詰めていくのだが、50メートルよりも近くなると、さすがに野生動物、不穏な気配を感じるのか、時々立ち止まって鼻を上げて匂いを嗅ぎ始める。顔を上げている時に動くとさすがに気づかれてしまうので、オオアリクイが止まると、こちらも止まり、気配を押し殺さなければならない。より近くで撮影するために、何度もこれを繰り返しながら、にじり寄っていくことになる。

僕たちは真剣そのものなのだが、もしこの様子を他の人が見たら、大人3人（カメラマン、ガイド、三脚持ちの僕）が、オオアリクイ相手にダルマさんが転んだ、をしているようで、さぞかし滑稽なことだろう。

そんなことをしながら、大草原の真ん中でオオアリクイの親子を追いかけていたある日、別のオオアリクイが1匹、近づいてきた。大人になると単独生活をするオオアリクイがお互いを認識できるほど近くにいることは珍しい。

何が起こるのか、少し距離を置いて見ていると、子どもを背負っているメスの後ろを一定の距離を保ちながら、もう1匹が追いかけていることがわかった。メスが通った場所の匂いを嗅ぎながらゆっくりゆっくり後をつけているのだ。

まるでストーカーのようだが、オスが交尾する機会を窺っているのだと気がついた。メスが発情すると特殊なホルモンが分泌され、それが尿の中に出てくるという。オスは、匂いでメスが妊娠可能な状態にあるかどうかを見極めているのだ。

そのスピードはじれったくなるほど遅く、なかなかメスに追いつかない。自由に動き回る親子。それをゆっくりと追いかけるオス。さらに、風下に回り込みながらそれを追いかける撮影班。その三つ巴が、半日の間続いた。

そして、日が傾き始めた頃、長い追跡は終わりを迎えた。オスは意を決したように、メスとの間合いを一気に詰めたのだ。背中に抱きついていた子どもは、近づいてきたオスに驚き、母親の背中を離れ、近くの茂みに逃げ込んだ。草むらの中で、ようやくオスとメスは結ばれたのだ。時間にするとほんの5分ほど。

やがてオスが去ると、子どもは一目散に駆け寄ってきて母親の背中に飛び乗った。しかし、次の子を宿したメスと子どもが別れる日が、もうすぐやってくる。限りあるエネルギーを次の子どもに費やすために。

わずか5000匹に

およそ1億年前に他の大陸から離れた南米で、他の哺乳類とはまったく違う進化を遂げてきたオオアリクイ。しかし、国際自然保護連合（ＩＵＣＮ）によると、野生のオオアリクイの個体数は、農耕地の開発による生息地の消失や交通事故などにより、ここ10年で約30%減少し、現在はおよそ5000匹が生息するのみだという。

実際、僕たちが取材したブラジルの草原では、道路脇で車に轢かれたオオアリクイを多く見かけた。人が多い地域のオオアリクイは、人間との衝突を避けるために夜行性になるというが、暗い夜、動きが遅く、目もあまり見えないオオアリクイは、道路を猛スピードで走ってくる車を避けることなどできない。

オオアリクイは、アリ塚を崩壊させないように少しずつ食べるため、多くのアリ塚を歩き回らなければならない。それが、オオアリクイが持続的に生活していくため太古から守ってきた掟なのだ。

生きものは、周りの環境が急速に変化しても、自分の生活を簡単には変えられない。生息地の真ん中に猛スピードで車が走っていても、多くのアリ塚を巡るために、今日もオオアリクイは道路を横断しなければならないのだ。

1億年の時をかけ、持続可能な生活を獲得したオオアリクイは絶滅の危機に瀕し、資源を好き放題に使ってきた人類は、発展を続けているとは、なんと皮肉なことだろうか。

8

インドのトラ

地球上で最も怖い生きもの

勢力を拡大するオス、チャージャー

草むらからトラが跳びかかってきた！

みなさんが、最も怖いと思う生きものはなんだろうか？

ライオン、ホッキョクグマ、シャチ、ホオジロザメ、コブラなどなど、自然の中で出会えば、人間が命の危機にさらされる生きものは沢山いる。そうした中で、近くにいるかもしれないと思うだけで恐ろしく感じる存在。僕にとってそれはトラだ。

檻（おり）もガラスもない状態で野生のトラと対峙（たいじ）したことがある日本人は、そうはいないだろう。僕は3回ある。そのうちの1回は、僕のイメージではトラとの距離は1メートルもなかったと思う。思う、と曖昧（あいまい）なのは、トラが僕に最も近かった瞬間の記憶がないからだ。

撮影のため、ゾウの背中に乗っているときに、目の前の草むらから、トラが跳びかかってきたのだ。

両腕を上げ、牙をむき出しにした巨大なトラの顔のストップモーションで、僕の記憶は終わっている。あまりの恐怖で頭が真っ白になり、その時の記憶が飛んでしまっているのだ。こんな経験は、後にも先にも、その時だけだ。

1992年、僕にとっては、本格的な自然番組で初めての海外ロケだった。動物写真家の飯島正広さんが7年前に撮った子どものトラが、その後、どういう運命をたどっているのかを追うドキュメンタリーの撮影だった。

場所はインドの真ん中、デカン高原にあるバンダウガル国立公園。飯島さんが撮影した子どものトラはシータと名づけられたメスで、すでに子どもがいる年齢のはずだった。

現在、バンダウガル国立公園は、世界で最もトラの生息密度が高い場所の1つといわれ、野生のトラを見ようと、多くの観光客が押し寄せる人気スポットとなっているそうだ。

しかし今からおよそ30年前は、観光地というイメージはまったくなかった。宿泊できるのは、公園の入り口にある小さな村の、10棟ほどのバンガローが並ぶロッジだけ。食事は、朝はチャパティというインドのパンとヨーグルト。昼と夜は毎日カレーで、およそ外国人観光客向けの宿泊施設ではなかった。

しかも、国立公園と村の境界にあるのは、1メートルほどの高さに積まれた石垣だけで、事実上、野生動物は自由に出入りできる。その石垣とロッジとの間には、幅10メートル、深さ30センチほどの川が流れていて、夜になるとたくさんのシカが水を飲みにきていた。

ロッジでは、食堂でご飯を食べるのだが、敷地内に電灯はない。夜、寝泊まりしているバンガローから懐中電灯1つで、真っ暗闇の中、川のほとりを50メートルほど歩いて行かなければならなかった。

すぐ隣にトラが棲む森があり、森とロッジを隔てるのは、低い石垣と浅い川。その川に懐中電灯を向けると、トラの大好物、シカの目がキラキラと光っている。日本からやってきた僕たちにとって晩ご飯を食べるにも、毎日、相当の覚悟を強いられた。

現地に着いた当初は、こんな場所で本当に安全に撮影ができるのかと不安になったが、1週間もするとほとんど気にならなくなっていた。といっても、決して気を抜いていたわけではない。はじめの頃は、夜、外に出るのが叫び出しそうになるほど怖かったのが、警戒しながらも普通に出られるようになっただけのことだ。

なぜ慣れてきたかといえば、撮影が進むにつれて、トラは人間を警戒していて、出会うのは難しいということがわかったからだ。

ゾウに乗ってトラを追いかける

トラの撮影は、朝が早い。バンダウガル国立公園があるインド中央部は、日中の気温が

40度を超える灼熱（しゃくねつ）の大地。もともと夜行性で暑さが苦手なトラは、昼間はほとんど動かずに、森の中の日陰や水場で休んでいることが多い。

生息数が少なく警戒心も強いため、見つけるのはかなり難しい。そんなトラを見つける手助けをしてくれるのが、国立公園のトラッカー（追跡人）とゾウ使いの人たちだ。トラが隠れている森の奥までは、車で入っていくことができない。もちろん徒歩などもっての外。そこで活躍するのがゾウなのだ。

撮影の日は朝4時に起きて、夜が明ける前にカメラなどの準備を整えておく。国立公園に入れるのは、日の出から日没まで。

夜明けとともにトラを追いかけるトラッカーが車で公園内を捜索し、道に残された新しいトラの足跡を見つけると、無線でゾウ使いに知らせ、そこまでゾウを歩かせる。僕たちも知らせを受けるとトラッカーのいる場所まで車で向かい、ゾウと合流して背中に乗り、森の奥へとトラの足跡を追いかけていくのだ。

ゾウ使いの名は、クタパンさんとプルシンさん。それぞれ担当するゾウが決まっている。乗るときには、ゾウはしゃがんで前足を折り畳んでくれる。僕とカメラマンは、その前足を階段代わりに使い、背中に取り付けた2畳ほどの台に、背中合わせになって両側に脚を出して座る。腰の位置に鉄の棒が通されているため、振り落とされることはない。

ゾウ使いは首にまたがり、耳の後ろを軽く蹴ってゾウを操縦する。右を蹴ると右に曲がり、左を蹴ると左に曲がる。両方を同時に蹴ると止まり、また両方で蹴ると再び動き出す。車の運転よりも簡単だ。

でも、ときどき美味しそうな草があったりすると、止まって道草を食う。そんなときには、持っている鉄の棒で音がでるほど頭を叩くのだが、人間の力くらいでは、ほとんど痛みなど感じないという。ある程度食べて、また歩き出すのを待つしかない。

体重が3トンから4トンあるアジアゾウは、大人3人を背中に乗せて、川の中でも急斜面でも軽々と進んでいく。正に水陸両用だ。しかし、ゾウも万能ではない。ゾウは実は、トラ以上に暑さに弱い。体が大きいので炎天下に動き回るとオーバーヒートしてしまうため、昼間は動けないのだ。

ゾウが水が好きなのは、暑いときに体にかけて冷やすため。移動中に川があると、僕たちが背中に乗っていても鼻で水を吸い込み体にかけるのには参った。僕たちだけなら、一緒に水浴びすれば気持ちいいのだが、カメラに水がかかるのはまずい。

ゾウ使いが怒って止めさせようとするのだが、やはり本能には勝てない。だから動けるのは、夜明けから午前10時頃まで。機嫌が良いと（これは、ゾウとゾウ使いの両方）夕方も出てくれるが、大概はゾウが疲れていると言われるので（本当はゾウ使いが休みたいだけ)、実質、午前中の3時間が勝負なのだ。

足跡で個体がわかる

ゾウ使いもトラッカーも、トラのことを実によく知っている。国立公園にいるトラにはすべて名前がついていて、足跡を見ると、どのトラのものかがわかるのだ。大きさ、4本ある指の長さと形、指と指の間隔、歩幅、足の引きずり方など、足跡にも個体による特徴が出ることを丁寧に説明してくれた。

僕たちが見ても全くわからないが、彼らは一瞬でわかるという。ほんとかなと思って追いかけると、言った通りのトラがいるから恐れ入る。タネを明かせば、大きい足跡は、その地域を支配しているオスで、メスの小さい足跡の特徴を把握していればいいらしい。

トラはオスの方が体が大きく、1頭のオスが10キロ四方と広大な縄張りを持っていて、その中に4頭ほどのメスの縄張りが重なっている。子育てはメスだけで行い、子どもは2年ほどメスに守られながら育っていく。若いオスが縄張りを持って繁殖するためには、その地域を支配しているオスと戦って勝たなければならない。

勝ったオスは、縄張り内のメスの子どもをすべて殺す。子育てをしているメスは発情しないため、自分の子孫を残せないからだ。

大型のシカを食べるシータ

ある日、メスのトラの足跡を見つけた。僕たちが探しているシータの足跡だという。しかも、周りには小さな足跡もあった。母親になっていたのだ。

足跡を追って森に分け入っていくと、藪の奥の方から、ガリ、ガリという音が聞こえてきた。トラが獲物を食べている音だという。

慎重に藪を回り込み近づいていくと、サンバーという体重が２００キロを超える大型のシカを食べるトラがいた。シータだ。既に内臓部分は食べられていて、何日か前に仕留めたものらしい。

周りを探したが子どもの姿はない。大切な我が子が小さいうちは、連れ歩くことは滅多にない。巣穴に隠して自分だけで獲物を食べに来ていたのだ。

ガリ、ガリというのは、獲物の骨を噛み砕く音。ものすごい音がする。おそらく、子どもに乳を与えるために、たくさん食べないといけないのだろう。

しばらくは、僕たちのことを気にすることなく、食べ進んでいた。やがて、食事を邪魔され疎ましく思ったのか、獲物をくわえて移動をはじめた。半分近く食べているとはいえ１００キロ以上ある肉の塊を、口の力だけで軽々と持ち運べるのだ。なんと恐ろしいパワーだろうか。

シータは、獲物を藪に隠すと歩きだした。子どものところに帰るに違いない。僕たちも刺激しないようにゆっくりと後を追いかけたが、500メートルほどのところで、急な岩山を登って行ってしまった。

さすがのゾウも、僕たちを背中に乗せていては登れない。これまでかと思ったら、クタパンさんが、この先に岩穴があり、過去に何度かトラが子育てに使っていたという。

後日、その場所に行ってみると、岩だらけの谷の奥に高さ5メートル、幅3メートルほどの入り口があった。しかし、本当にこの穴を使っているかどうかはわからない。

そこで、入り口が見える木の上に自動カメラを仕掛けて、確かめることにした。数日後、カメラをチェックすると、シータに続いて子どもが4匹、巣穴に入っていく姿が映っていたのだ。

どうしても、シータの子どもの映像を撮影したい。虎穴(こけつ)に入らずんば虎児(こじ)を得ずの言葉通り、クタパンさんに頼んで、穴の中に小型カメラを仕掛けることにした。

シータが穴から出ていくのを確認してから、カメラを置くことにしたが、いつ帰ってくるかわからないので、細かな作業はできない。運を天に任せ、テープがなくなるまでの2時間、回しっぱなしにして置いてくるだけとなった。

翌日、シータが外にいることを確認して、クタパンさんにカメラを回収してもらった。クタパンさんによると、カメラは横倒しになっていたというが特に噛み跡などはついていなかった。一体何がどうなって倒れたのか？　期待が高まった。

撮影された映像を見ると、洞窟は思った以上に奥が深く、入って10メートルほどで左の方に曲がっていた。これでは、子どもが入り口の方に出てこない限り映らない。正直、ほとんど諦めていた。

それでも、最後までは見ようと早回しで送っていると、1時間半後、奥に小さな影が動くのが見えた。穴の奥から、わんぱく盛りの子どもが出てきたのだ。

耳が立ち、足取りもしっかりしていることから考えると、生後半年ほどだという。大きさは、イエネコを少し大きくしたぐらいだが、足が太く、体もずんぐりとしていた。

4匹が代わる代わる興味深げにカメラを覗き込む。その様子は、ネコの子どもと変わらず可愛らしい。

そして、その中の1匹がカメラに猫パンチ。カメラが倒れた音にビックリしたのか、一斉に穴の奥へと逃げてしまった。

4匹の元気な子どもの姿は確認できた。あまり刺激すると巣穴を変えてしまうかもしれないので、これ以上の撮影は、子どもが一緒に外を出歩く大きさに成長するまで待つこと

小型カメラで撮った巣穴の子ども

にした。

勢力を拡大するチャージャー

ある日、いつものようにシータの足跡を追っていると、大きな岩陰でイノシシを抱え込んでいるのを見つけた。しかし、ウーウーと唸(うな)り声を上げていて、どうも様子がおかしい。よく見ると、もう1匹トラがいたのだ。

しばらくして、大きな唸り声をあげ、2匹が争い始めたと思ったら、シータがその場を離れ、恨(うら)めしそうに立ち去って行った。もう1匹は、その地域を支配しているオスだったのだ。

メスがオスの獲物を横取りすることは考えられないので、どうやらシータが仕留めたイノシシを、オスが奪ってしまったようだ。シータの縄張りと重なっているオスは、国立公園で最も勢いのあるチャージャーと名づけられた9歳のトラだった。

オスとしても非常に大きく、英語で「攻撃する」という名が示すように、過去に何度も車やゾウを威嚇（いかく）してきたことのある、血気盛んな若トラだ。

チャージャーは、僕たちが現地に行く1年ほど前に、その地域を支配していたバンガ（ヒンディー語で耳をつんざくの意）と呼ばれる大きなオスに戦いを挑んで勝ってから、急速に勢力を拡大したという。

クタパンさんがカメラで撮影した、チャージャーに敗（やぶ）れた直後のバンガの写真を見せてもらった。顔が大きく裂（さ）け、口を開き、息も絶（た）え絶（だ）えという様子だった。

僕は、その写真を見たとき、トラの世界の厳しさを思い知った。敗れた後、バンガは忽（こつ）然（ぜん）と姿を消し、以来その姿を見た者はいないそうだ。

野生のトラの寿命は13年程度。体長が2メートルを超えるにもかかわらず、小さなネコと大差はない。

これは、野生で生きることの厳しさを物語っている。トラの生涯は、短く激しいのだ。

トラに襲われた老人

住んでいる場所のすぐ隣にトラがいるのは、どういう感覚なのだろうか？

実際、僕たちの滞在中も、森に薪を取りに入った村人が、トラに襲われたというので話を聞きに行った。襲われたのは老人で、幸い命に別状はなかったが、太ももの裏を大きく切り裂かれていた。シータとは別の子もちのトラと鉢合わせをして、母親と子どもの間に入ってしまったらしい。

長年、森に入っているが、トラに襲われたのは初めてで、ものすごく恐ろしかったが、こんなことは滅多にないので、これからも森に入る、と言っていた。

森に入ることにはリスクがある。しかし、村人たちは経験から、どんな場所にトラが潜んでいるかは知っているし、トラは警戒心が非常に強く、人間が近づくと数百メートル離れていてもわかるので、普通は自分から逃げていくという。

僕たちが滞在していた村でも住民に話を聞いた。トラは夜、村に来て家畜を襲ったりはするけれど、人が襲われたことはない。我々はハチミツや薪を取りに森に入るが、トラはそんなに怖くない。むしろ、見境なしに人間に向かってくるナマケグマのほうがよほど恐しい、ということだった。

撃退法は人間の顔のお面

そんなインドでも、過去には人喰いトラが何度も報告されている。最も被害が多かったのは、20世紀はじめに、ネパールとインドの国境付近で436人を殺害したとされるメスのトラだ。1907年に射殺されたこのトラには、上下4本あるはずの犬歯がほとんどなかったという。

トラの犬歯は、長さが5センチを超える。ネコ科の狩りは、襲いかかるときに獲物に爪を突き立て、体重をかけて引き倒し、巨大な犬歯を獲物の急所に食い込ませてとどめを刺す。その犬歯がなければ、引き倒すことはできても、全身が筋肉の塊のような野生のウシやシカに暴れて抵抗されたら、逃げられてしまうだろう。

このように、牙を失ったり、怪我をしたり、年老いたりして、自分の力で野生動物を捕りにくくなったトラが、人間を襲うようになると考えられているのだ。一度、人間の味を覚えてしまえば、これほど無防備で狩りやすい獲物はほかにいないだろう。人間がトラから身を守るためには、どうしたらいいのだろうか？

それは、やはりトラの習性を利用するほかない。トラの狩りは相手の不意をつく待ち伏せ型で、自分を見ている獲物を襲うことはないという。いつも獲物にしているシカでも、力強い脚で蹴飛ばされたらトラの方が怪我をすることがある。トラは、非常に慎重な生きものなのだ。

インドとバングラデシュの国境付近にある、スンダルバンス国立公園では、トラの生息している場所で釣りをしていた漁師が、後ろから襲われる例が多発した。そこで、トラの習性を利用して、後頭部に人間の顔のお面を着けたところ、被害が激減したという。

絶対に目をそらしてはいけない

僕もバンダウガル国立公園で、そんなトラの習性を身をもって感じたことがある。

1度目は、洞窟から出てきたトラと対峙したときだ。国立公園の中には大きな岩山がある。そこには、3畳ほどの広さの穴が掘られていて、先史時代に人が住んでいたそうだ。穴の壁には、シカを襲うトラが彫られている。トラは昔から、人間が恐怖と畏敬(いけい)の念をもつ、特別な存在であったことがうかがえるという。

洞窟は、車で行ける道の近くにある岩山を、10メートルほど登った場所にある。ガイドが周囲の安全を確認した後、車から降りて岩山に登ろうと見上げたとき、目的の洞窟からトラが出てきた。

僕は「トラだ!」と叫んで、トラから目を離さなかった。ガイドから、万が一トラと出会ったら絶対に目をそらしてはいけない、目をそらして逃げると追いかけてきて襲われる、といつも言われていたからだ。

身を守る唯一の武器は、ベルトに付けていたクマ撃退用の、唐辛子成分が入ったスプレー。目をそらさずに、震える手でベルトからそれを外そうと探っていたら、トラは僕を一瞥(いちべつ)したのち、岩山を駆け上がり山の向こうに消えていった。全身の力が抜けてへたり込みそうになった。

周りを見ると、一緒にいるはずのガイドとカメラマンの姿が見当たらない。トラを見たのは僕だけで、叫び声を聞いた瞬間、彼らは一目散に車まで逃げ帰っていたのだ。まったくひどい話だ。

2度目は、車で公園内を探していて、谷を隔てた道に、トラが座り込んでいるのを見つけたときだ。その道はT字路になっていて、車からT字の交差点までは10メートルほど。トラは、その交差点から右に50メートルほどの場所に座っていた。

トラまでの距離が離れていたので、体の大きさがよくわからなかったが、そこではシータをよく見かけていたので、そう判断して撮影を開始した。

しばらくするとトラが立ち上がり、交差点に向かって歩きはじめた。だんだん近づいてくると違和感があった。思ったより大きいのだ。さらに近づくと、明らかにシータではない。体つきがガッシリしている上に、顔つきが怖いのだ。

シータではないとすると、この地域にいるトラは、オスのチャージャーだけだ。そう気がついたときにはすでに交差点まで来ていた。僕たちの車は、四輪駆動のオープンカーで、トラに対して防御する機能は一切ない。車はT字路に向かっていたので、逃げるとしたらバックしかないが、トラが本気で走ってきたらとても逃げきれない。

乗っているのは、僕とカメラマン、ドライバーとガイドの4人。今回は誰も目をそらさなかった。8つの目で見つめられてさすがに戦意を喪失したのか、そもそも相手にするつもりもなかったのか、チャージャーは、こちらを見据えて唸り声を上げながら、T字路を左へと歩き去っていった。

見つめられるとトラは襲わないというのは正しいのだと思うので、皆さんも参考にして欲しい。

長く鋭い犬歯、ナイフのような爪

この後、僕は冒頭で紹介した、人生で最もトラに近かった瞬間を経験する。そのトラこそ、このチャージャーだったのだ。

トラを追跡しているトラッカーから、道のすぐ脇の草むらにチャージャーがいるという情報が入り、現場に向かった。エレファントグラスと呼ばれる、高さ2メートルほどの草の中にいると聞いたが、どこにいるのかわからない。

僕とカメラマンはクタパンさんのゾウに乗り、プルシンさんのゾウには同行していた飯島さんが乗り、草むらに入っていった。しばらく探していると、唸り声とともに、プルシンさんのゾウにチャージャーが挑みかかった。威嚇しただけだが、ゾウが鳴き声を上げ大きく後退した。

チャージャーは、また草むらに隠れてしまった。待っても出てこないので、どこか見える場所はないかと、その草むらの方に向かっていった。

撮影のため、カメラマンのいる側を草むらに向けて近づいていた。カメラマンと背中合わせで座っていた僕が、後ろを振り返るように様子を見ようとしたそのとき、見えない草むらからいきなり、チャージャーが跳び出してきたのだ。

次の瞬間、思いもよらないことが起きた。僕たちを乗せたゾウが、クルッと180度回転したのだ。いま思いかえしても、ゾウがあんなに素早い身のこなしで回転するとは信じられないが、そうとしか考えられない。そこへ、さっきまで背中側にいたチャージャーが僕に牙をむいて向かってきたのだ。

僕は足を下げている。オスのトラの顔は大きく、巨大な口から長く鋭い犬歯がむき出しになっている。人間の太ももくらい太い両腕を広げ、ナイフのような爪が、こちらに振り下ろされようとしている。僕の記憶にあるのはここまでだ。

トラは普通、ゾウを襲わないというが、その上に乗っている人間は別だ。現地で聞いた話では、昔、ゾウに乗っていたマハラジャが、トラを追い詰め、ライフルを構えた次の瞬間、トラはゾウに向かって走ったかと思うと、マハラジャの上を跳び越え、悠然と立ち去っていた。マハラジャはトラに頭を叩かれ、首の骨が折れて亡くなっていたという。僕たちの身近にいるネコは、体長30センチほどで1メートル以上跳び上がることができる。体の3倍の高さだ。

トラの体長は2メートルほど。本気を出せば3メートルは跳べるはずだ。200キロを超える大型力士ほどの体重がありながら、3メートルの高さまで跳び上がるジャンプ力があるトラは、桁外れの身体能力の持ち主なのだ。

世界で最も有名なトラ

我に返ったとき、僕は傷一つ負っていなかった。おそらく、チャージャーにしてみれば、休息中に追いかけ回されて鬱陶しくなり、ちょっと脅かして引き下がらせてやれという程度だったのだろう。もし本気だったらと思うと、今でもゾッとする。クタパンさんは、いつものことだ、という顔をしていた。

我に返った僕がクタパンさんに真っ先に言った言葉は、「チャージャーはどこに行った?」だった。

すると、彼は山の方を指差して、とっくに上の方に逃げていったという。僕には信じられなかった。たった今、目の前にいたチャージャーが、一瞬にして山を駆け上がるわけがない。半信半疑で山の上まで行ってみると、果たしてチャージャーはそこにいた。しかも、ゆったりと毛づくろいをしながら寝そべっていた。どう見ても、たった今、たどり着いた感じではない。

おそらく僕は、5秒から10秒ぐらい気を失っていたのだろう。もう30年以上、世界中で生きものを追い続けているが、あれほどの恐怖を味わったのは、後にも先にもない。


その後、チャージャーは、世界的な雑誌「ナショナル・ジオグラフィック」で大々的に取り上げられ、各国のテレビクルーによって撮影され、世界で最も有名なトラとなった。バンダウガル国立公園で、最も支配的で伝説的な生涯を送ったチャージャーは、次のオスにその地位を追われ、2000年9月、17年という野生のトラとしては異例に長い生涯を閉じたという。

シータと4匹の子どもの姿は、その後、まったく見ることができないまま、撮影の最終日を迎えた。午前中、シータと子どもの足跡は発見したのだが、岩山に阻(はば)まれ追いきれないうちに日が高くなり、引き上げざるを得なくなった。

しかし、どうしても子どもを撮影したい。夕方、最後だからと頼み込んでゾウを出してもらい、祈る思いで出発した。

僕たちと飯島さんを乗せた2頭のゾウは、午前中に越えられなかった斜面を回り込み、その先にある谷に向けて、藪をかき分け進んで行った。探し始めて1時間後、100メートルほど先の岩棚の上に寝そべるシータを見つけた。

子連れのトラは特に警戒心が強い。ゾウが近づいているのだから当然、シータは気がついているはずだ。しかし、他に選択肢(せんたくし)はない。どうか逃げないでくれと祈りながら、慎重に近づいていく。

半分ほど距離を詰めたところで、シータの周りで動く影が見えた。4匹の子どもが、シータにじゃれついて遊びはじめていた。揺れるゾウの上から撮影するためには、もう少し近づきたい。ジリジリと、ゆっくりゆっくり、10メートルの距離まで近づいた。

優しげなシータの顔。子どもたちは、小型カメラに映っていたときよりも、ひとまわり大きくなっているように思えた。

しばらくするとシータは、大きく欠伸をしてからゆっくりと立ち上がり、子どもたちを従えて森の奥へと去っていった。傾いた太陽の光が森の奥まで差し込み、トラの体を黄金色に染め上げていた。

もう一度見てみたいという魔力

シータの4匹の子どもたちは、その後どんな運命をたどったのだろうか。人間と衝突せず、無事、大人になり、生涯を全うできただろうか。

僕の中でトラが、最も恐ろしい生きものであることは、今も変わらない。しかし、この上ない恐怖の経験とともに、野生のトラの炎のような美しさが、今も目に焼きついて離れない。二度と会いたくないと思う一方で、どうしようもなく、もう一度野生のトラを見てみたいと思わせる魔力がある。

それは、安全な檻越しに見る、人間に餌をもらっているものではなく、同じ空間の中に立つ、野生に鍛え上げられた個体でなければならない。トラを本当の意味でトラと感じるためには、あのヒリヒリする緊張感が必要なのだ。だからこそ、人間とトラが地球上でともに生きていけるよう、祈らずにはいられないのだ。

9

ボルネオのゾウ

彼らはなぜ命がけで川を渡るのか？

赤ちゃんを囲んで渡るゾウの群れ

赤ちゃんが過酷な運命に

生きていくとはどういうことなのだろうか？

楽をして生きていければ、それに越したことはないかもしれない。しかし、生きていくためには、目の前にある試練を避けてばかりはいられない。時には過酷な試練を乗り越えることで、人間として成長していける。体は大きくなっても、逃げてばかりでは、人格は成長できないといわれるだろう。

幸いなことに人間には、一生のうちで命をかけるほどの試練が訪れることは滅多（めった）にない。しかし野生動物は、生まれたときから死ぬまでの間、常に命をかけて乗り越えなければならない試練に晒（さら）される。だから、子どもをたくさん産むものが多い。

でも、中には人間よりも妊娠期間が長く、１頭の子どもしか産まないのに、生まれた赤ちゃんが、過酷な運命にさらされる生きものもいる。

午前5時。まだ日も昇らない薄暗い川面に、朝靄が立ち込めている。眠気に襲われながらボートの上で揺られる僕の耳に、湿った生暖かい風に乗って、荒々しい呼吸と、草をなぎ倒す音が聞こえてくる。

まだ姿は見えないが、目的の生きものは数十頭の群れで、すぐ近くまで迫っている。時折放たれる「パオーン」という大きな破裂音が、眠気を覚ましてくれる。

ここは、ボルネオ島のマレーシア領、サバ州にあるキナバタンガン川。音の主は、この島最大の生きもの、ボルネオゾウだ。

ボルネオゾウという名を初めて聞く人も多いだろう。アジアゾウの亜種で、肩までの高さが2・5メートルほどと、アジア大陸にいるゾウより体が小さく、耳は大きく、尾が長いなどの特徴がある。

生息数は2000頭ほどで、ボルネオ島の中でも北東部、マレーシア領のサバ州とインドネシア領の北カリマンタン州でしか確認されていない。なぜ島全体にいないのかはわかっておらず、17世紀ごろに、他の地域から人間が使役のために連れてきたゾウが、野生化したものと考えられていた。しかし近年、遺伝子を調査した結果、およそ30万年前にほかのアジアゾウと分かれたことが確認されたという。

ボルネオ島は、氷河期の海水面が下がった時代に、「スンダランド」と呼ばれる大陸とひと繋(つな)がりの陸地になったことがある。ボルネオゾウの祖先は、その当時、オランウータンなどと共にやってきたと考えられている。氷河期が終わり、海水面が上がると、大陸から切り離され、島で独自の進化を遂げてきたのだ。

10リットルの水を吸い込む鼻

ゾウを撮影するのになぜ、川の上で待っているのか？　その理由の1つは、森の中で追いかけることが難しいからだ。

1日に10キロほど移動するボルネオゾウの生息範囲は、およそ300平方キロメートルと東京23区の半分ほどもある。個体数も少なく、広い範囲を動き回るボルネオゾウを、見通しの悪い森の中で見つけるのは困難な上に、襲われる危険も伴う。

しかし、ボルネオゾウは水辺が好きで、よく川沿いに姿を見せるという。川ならボートで移動できるので追いかけやすいし、ゾウとの間に水があるので近づいても襲われる危険はなく、遮(さえぎ)る木もないので撮影しやすい。僕たちは、キナバタンガン川沿いにあるスカウという集落のロッジに泊まり、近くに縄張りがある群れを追いかけることにしたのだ。

日が昇り、霧も晴れると、ボルネオゾウは思いの外たくさんいるのがわかった。目の前に10頭、奥の森の中にいるものも合わせると、30頭以上いるだろうか。小型とはいえ、その迫力は十分に感じられる。

ゾウは怒らせると相当怖いので、刺激しないように、ゆっくりゆっくりボートを岸の方へ。最終的には、ゾウとわずか3メートルにまで近づくことに成功した。

手を伸ばせば届きそうな距離にゾウがいる。時折、鼻から勢いよく息を吐くと、鼻水まで飛んで来そうだ。野生のゾウをこれほど近くで、安全に見られる場所はほかにないだろう。

こんなに間近で野生のゾウを見たことはないので、いろいろなことに気づかされる。中でもゾウの鼻の使い方は、見れば見るほど面白い。背の高い草に横から鼻を巻きつけて、まとめてワシッとつかんでそのまま引き抜き、3、4回横に振り回してから口へと持っていく。草を振り回すのは、根っこについた土を払うためだ。いくらゾウの歯が頑丈でも、毎回土を嚙んでいれば、すり減るのも早くなる。やはり歯は大切なのだ。

鼻で草をつかんで口まで持っていく一連の動きは、リズミカルで淀むところがなく、まるで熟練した職人が寿司を握る姿を見ているようだ。

ゾウの鼻は、かなり繊細な動きをする。鼻の先端にある小さな出っ張りを指のように使って、小さな物を摘むことができるのだ。大きな体に似合わず、ピーナッツ1粒を摘むのを見たことがある。

また、10リットルの水を鼻の中に吸い込み、体にかけたり飲んだりすることができる。これほど多様に使える鼻を持つ生きものは、ほかにいない。

これまで鼻という言葉を使ってきたが、ゾウの「鼻」は、僕たちが鼻と思っている部分だけでできているのではない。動物園でゾウの顔を見る機会があれば「鼻」の根元の下側、口元をよく見て欲しい。何かが足りないことに気がつくだろう。ゾウには上唇がないのだ。ないと言うのは語弊がある。あるにはあるのだが、それがどこにあるのかよくわからないのだ。

それもそのはず、僕たちがゾウの「鼻」と思っているのは、鼻と上唇が一緒に伸びたもの。つまり、ゾウの「鼻」の下の面は、上唇の裏面ということになる。

すべてを判断する「ゴッド・マザー」

キナバタンガン川沿いに棲むボルネオゾウは、群れで川を渡る。ただ渡るのであれば、それほど驚くことではないと思われるだろう。しかし、川の水深は10メートル以上あり、大人のゾウでも足はつかないので、泳いで渡ることになる。

ゾウは泳ぎが得意であることは知られているが、数十頭にもなる群れが、いっしょに泳いで川を渡るのは、聞いたことがない。川の上で待っている2つ目の理由はその決定的瞬間を撮影するためなのだ。

取材は2013年。当時はまだ小型ドローンがなかったので、空からの撮影のために大型ドローンを準備した。繋いだ2台のボートの間に縦2・5メートル、横1メートルほどの板を固定して発着場を設け、ゾウが渡りはじめるのを待った。

ゾウの群れがいつ川を渡るかは、誰にもわからない。群れの行動を決めるのは、リーダーである最年長のメスだ。ゾウの群れは、母親を中心とした母系家族である。群れに生まれた子どもがメスの場合はそのままとどまり、オスは大人になると群れを出て、単独生活をするようになる。

アジアゾウの寿命は80年といわれており、陸上の野生哺乳類（ほにゅうるい）としては最も長い。ゾウは学習能力が高く、記憶力も良いため、さまざまな経験を積んできた最年長のメス「ゴッド・マザー」の判断が最も正しいということなのだろう。

長年の経験を生かしてリーダーのメスがあらゆる判断をくだし、群れのメンバーはそれに従って行動するのがゾウの掟（おきて）。川を渡るか渡らないか、すべては「ゴッド・マザー」の判断で決まるのだ。

暑さが苦手なゾウは、昼の時間帯にはあまり大きな活動はしない。夜は撮影ができないので、必然的に朝か夕方に川を渡ってくれることを願うしかない。毎朝4時起きで現場まで行き、朝に渡らなければ、夕方のチャンスまで現場で待つ。宿から現場まではボートで片道2時間ほどかかるので、朝と夕方の間に帰るわけにはいかないからだ。

早起きして眠いので当然、狭くて硬い船の上で、さまざまな体勢で寝ることになる。クッションなどがあればいいのだが、いつ雨が降るかもわからないし、そもそもボートで走るときには水浸しになる。予備のライフジャケットを枕にするのがせいぜいなので、なかなか辛いものがある。

そして、日没まで観察すると宿に戻れるのは夜の8時ごろ。機材を片づけ、ご飯を食べ、シャワーを浴びて寝るのは10時。朝4時に出発だから、起きるのはその30分前。なかなかのハードスケジュールだ。

しかも、朝行ってみると、ゾウの群れがすでに対岸に渡っていたこともあった。夜の間に移動してしまったのだ。そうすると、また一からやり直し。相当がっかりするが、生きものがこちらの都合に合わせてくれるほど、自然番組の撮影は甘くはないと諦めるしかない。

ボルネオゾウが川を渡るのは、より良い食べ物を求めるためだ。ゾウは1日におよそ

140キロの草や葉を必要とする。しかし、ボルネオの熱帯雨林は木が高く、森の中にはほとんど光が差し込まないため、ゾウが好きな柔らかい草は少ない。

いっぽう、川沿いは光が当たるため、ゾウの好物のエレファントグラスと呼ばれる高さ2メートルほどに成長する草が、豊富に生えている。ボルネオゾウはその草を求めて、川辺に出てくるのだ。

しかし、30頭ほどの群れで行動するため、川沿いの狭い範囲にしか生えない草はすぐに食べ尽くしてしまう。でも、対岸にも同様に草が生えているので、泳いで渡りさえすれば、新鮮な草が食べられる。

そして、対岸の草を食べ尽くす頃には、もといた川沿いの草がまた成長しているので、川の両岸を行き来すれば、美味しい草が無限ループで食べられるというわけだ。

赤ちゃんは川を渡れるのか？

群れの中に、大人の陰に隠れるようにしている、生まれて間もない赤ちゃんゾウを見つけた。ガイドのゲーリーさんによると、生まれてひと月ほどで、寄り添っているのがお母さんゾウだという。大きさは、ちょうどお母さんの体の下に収まるほど。前足の付け根にあるおっぱいから、乳を飲んでいた。

その様子を見ていて、生まれて間もない赤ちゃんが、群れと一緒に泳いで川を渡れるのだろうか、と思った。生まれた直後から自分で歩くとはいえ、まだ赤ちゃんであることには変わりはない。川幅は１００メートルほどあり、小さな体で泳ぎきるのは、とても無理だと思われた。

ゾウは、群れの結束が堅いと聞いている。このまま待っていても、赤ちゃんがある程度大きくなるまで川は渡らないのではないか、と不安がよぎった。しかし、ゲーリーさんは、赤ちゃんも一緒に泳いで渡るという。

一体どうやって渡るのか？　そこにも注目して、撮影しようと考えた。

現場に通いはじめて2週間、そろそろ早起きが体にこたえてきた頃、ようやくチャンスが訪れた。川の北岸に沿って草を食べながら移動していた群れの前に、川岸まで迫る森があらわれたのだ。川岸の草はそこでなくなる。ゲーリーさんは、この場所から対岸に渡るのを、何度か見たことがあるそうだ。

群れは森の手前でしばらく草を食べていたが、そのうちリーダーである「ゴッド・マザー」がゆっくりと川に入っていった。それを皮切りに、群れのゾウが次から次へと川に入りはじめた。いよいよ川渡りが始まるのだ。

しかし、大人のゾウがほとんど川に入っても、子ゾウたちは、岸で立ち止まったまま躊(ちゅう)

躇している。できれば川は渡りたくないのだろう。すると、後ろから来た大人のゾウに、容赦なく川へと突き落とされてしまった。

3頭のゾウに囲まれて

群れのすべてが水に入り、しばらく浅瀬で水浴びをしていたが、リーダーが遂に、対岸へ泳ぎはじめた。他のメンバーもリーダーに続いて一列になって泳いでいく。

川は泥水なので水中は見えないが、頭や体が浮き沈みしているため、川底に足がついていないのは明らかだ。よく見ていると、ゾウたちは体が浮いた時に鼻を高く上げて息継ぎをし、それ以外は水の中に沈めて泳ぐ。まるでクロールの要領だ。鼻は長いのだから、泳ぐときはシュノーケルのように、ずっと水面に上げておくのだと思っていたが、それだと泳ぎにくいのだろうか。

息継ぎの「プハー」という音が、あちらこちらから聞こえて来る。泳ぎはじめは1列だった隊列は段々と横に広がり、我先にと対岸に向かっているようだ。

2週間目でようやく訪れたチャンス。もう二度と見られないかもしれないと思い、ドローンも使って夢中になって撮影していた。リーダーたちが対岸に着いた頃、ふと頭をよぎった。そういえば、あの赤ちゃんはどこにいるのだろうか？　川渡りに気を取られ、すっかり見失っていた。

赤ちゃんは体が小さいので、ボートからだと、どこにいるのかよくわからない。もしかしたら、やはり渡らなかったのだろうか？　しかし、元の岸に残っているゾウはいない。泳いでいる群れのどこかにいるはずだ。

必死になって探していたそのときだった。群れの一番後ろを泳いでいた3頭の大人のゾウの間に一瞬、小さな鼻が見えた。赤ちゃんだ。やはり、群れとともに渡っていたのだ。赤ちゃんの体はほとんどの時間、水に沈んでいて、呼吸のときだけ浮かび上がるのを繰り返している。やはりうまく泳ぐことができていない。

上空からドローンで見ると、赤ちゃんは3頭の大人のゾウに囲まれていることがわかった。ゲーリーさんによると、この3頭は母親と赤ちゃんのお姉さんだという。なんとか水に沈まずにいられるのは、前を母親が、後ろを2頭のお姉さんが取り囲んで、背中や頭に乗せてサポートしているからだ。

それでも、手で抱えあげられるわけではない。時には数秒間、水に沈んだままのこともあり、今にも溺(おぼ)れてしまいそうだ。見ているこちらの息が苦しくなる。小さな赤ちゃんにとって川を渡ることは、本当の意味で命がけなのだ。

家族のサポートでようやく対岸に到着した赤ちゃんにとって、本当の試練はこの後に訪れる。川にはプールのように、上り口があるわけではない。岸に上がるためには、高さが2メートルほどある切り立った崖を登らなければならないのだ。

岸は粘土質で滑って登りにくいため、上がれる場所は限られている上に、大人のゾウが集まって、我先に上がろうとしている。川を泳ぎきったばかりの大人たちには余裕がなく、周囲を見ながら譲り合うことはない。

体重が3トンもある大人が押しくらまんじゅう状態になっているため、万が一にも赤ちゃんが挟まれたら、大怪我をするに違いない。僕たちが撮影している時にも、岸に押し寄せる大人のゾウに赤ちゃんが突き飛ばされてひっくり返り、危うく溺れかけていた。近くに赤ちゃんがいようが御構いなしなのだ。

大人のほとんどが崖を登り、ようやく上がり口が空いてきた。母親と一緒に来た赤ちゃんが登ろうとする。しかし、やはり滑ってしまい、小さな体ではどうにも上がることができない。すると、お母さんが後ろから膝で赤ちゃんのお尻を押し、岸まで上げてくれた。家族の協力で、赤ちゃんは無事に川を渡りきることができたのだ。

ボルネオゾウが川を渡るのは、2週間に1度ほど。しばらくは、川渡りをすることはないだろう。しかし、あの赤ちゃんの姿をさらに撮影するため、僕たちは翌日、再び現場を訪れた。すると驚いたことに、川を渡ったはずのゾウの群れが、元の岸に戻っていたのだ。この辺(あた)りに他のゾウの群れはいないので、間違いなく同じ群れだ。

不思議に思って周辺に住む人に聞き込みをすると、対岸にある農園を管理している人が、ゾウが入って荒らされないように、花火を使って追い払ったため、仕方なく泳いで戻ったのだという。

実は、キナバタンガン川周辺で自然の森が残されているのは、川沿いのほんの少しの地域だけ。そのすぐ外側には、広大なアブラヤシ農園が広がっているのだ。

衛星写真では一面の緑で覆(おお)われているように見えるボルネオ島だが、ヘリコプターから見ると、絶望的に酷(ひど)い状態になっている。本来の熱帯雨林には、高さ70メートルにもなる多種多様な巨木が生(お)い茂っている。黄緑色から黒に近い緑まで、あらゆる種類のグリーンの見事なグラデーション。むせ返るような湿気を溜(た)め込み霧が立ちこめる、正に「緑の魔境」と呼ぶにふさわしい生気あふれる森だ。

しかし、その森から道を1本隔(へだ)てると、まったく生気のない、ベッタリとした人工芝のような光景が、地平線のかなたまで続いている。

10メートルほどのヤシの木が整然と並ぶ、不気味なまでに均一で生きものの気配がまったくない静寂(せいじゃく)の世界。まるで、工場で大量生産されるプラスチック製品が、出荷を待って並んでいるようだ。それがアブラヤシのプランテーションだ。

プランテーションとは、熱帯の広大な農地に大量の資本をつぎ込み、国際的に取引される商品価値が高い作物を、単一で大量に栽培する大規模農園と定義されている。

アブラヤシ農園の管理人が、希少なゾウを追い払うとはけしからん、と思われたかもしれないが、それはちょっと違う。なぜ、アブラヤシがこんなに栽培されているのか？ それは、欲しい人が沢山いて売れるからだ。

誰が買うのか？ それは先進国で快適な生活を送っている僕たちなのだ。アブラヤシという言葉が聞きなれないため、日本人には関係ないと思われるかもしれない。しかし、アブラヤシから取れるパーム油は、日本にも大量に輸入されていて、日本人1人当たり年間5キロを消費しているという統計もある。

世界で最も多く生産されている植物油

アブラヤシは高温多湿の熱帯地域でしか育たない。原産国は西アフリカだが、現在、世界の80％以上がマレーシアとインドネシアで栽培されている。1本のアブラヤシは、10キロほどある果実の塊（かたまり）「果房（かぼう）」を数個つけ、1つの果房に数百個の赤やオレンジ色の果実が付いている。

熱帯で育つアブラヤシは1年を通して実をつけるので、パーム油の単位面積当たりの年間収穫量は、大豆油や菜種油と比べて10倍とはるかに多い。そのため価格も安く、安定した供給が可能なため、世界中の国がパーム油を輸入している。今や、世界で最も多く生産されている植物油は、パーム油なのだ。

日本でも、菜種油の次に多く使われている食用油だが、パーム油という名はほとんど聞いたことがない。それは、家庭ではなく食品メーカーや外食産業で使用されているからだ。

パーム油が他の植物油と違うのは、固めても溶かしても使用できるため、さまざまな用途に使えること。日本に輸入されるパーム油の80％が食用で、インスタント麺や調理済みの冷凍食品、ポテトチップスなどのスナック菓子、外食産業の業務用揚げ油などに使われている。

また、固めても人間の体温で溶けるので、マーガリンやショートニング、チョコレート、アイスクリーム、コーヒーフレッシュ、カレーのルー、乳児用粉ミルクなど、僕たちが毎日のように食べている多くの食品の原料となる。食品以外の20％は、洗剤やシャンプー、口紅、塗料などに使われている。

商品のラベルに植物油脂と書いてあれば、それはパーム油の可能性が高い。安くて安定的に手に入り、しかも使い勝手が良い性質は、大量消費社会にとってまさに理想的。そのため、パーム油の消費量は右肩上がりに増えている。

そして近年、再生可能なエネルギーとしてもパーム油に注目が集まっている。化石燃料と違い再生産ができ、成長にともない二酸化炭素を吸収するパーム油は、温暖化防止が求められる現代の世の中では、環境に優しい理想的なエネルギーというイメージがあるためだ。

しかし、熱帯雨林の減少に最も関与しているのも、パーム油の原料となるアブラヤシのプランテーションだ。アブラヤシが育つのは赤道直下の熱帯地方だけ。世界地図を見ればわかるが、赤道の周辺には、生物多様性の中心地である熱帯雨林が広がっている。アブラヤシの栽培量を増やすためには、熱帯雨林を伐採（ばっさい）するほかない。

かつてはボルネオ島全体を覆っていた広大な熱帯雨林、1億年以上も姿を変えなかった生物多様性の楽園は、アブラヤシのプランテーション開発にともない、この50年の間に、その40％もの面積が伐採されている。

パーム油は、生産国と消費国の両方にとって、経済的には大きなメリットがあることに間違いはない。しかし、アブラヤシが、最も環境を破壊している植物であることも忘れてはならない。

赤ちゃんゾウの遺体

キナバタンガン川の別の場所でゾウの群れを探しているとき、ガイドのゲーリーさんが、川面に浮かぶ灰色の塊を見つけた。近づいてみると、水面から爪の生えた丸太のようなものが見えた。それはゾウの足。生後ひと月も経っていない赤ちゃんゾウの遺体だった。

赤ちゃんといっても、重さは１００キロ以上ある。引き上げて検分することはできなかったが、岸に上がろうとする大人のゾウに、あやまって踏まれてしまったのではないか、という。自然の中で、赤ちゃんが川渡りの途中で死んでしまうのは、それが彼らの生態の一部である以上、仕方がないことだ。しかし、人間による影響で、以前よりも頻繁に川を渡らざるを得なくなったとすれば、話は違ってくるだろう。

僕は立川志の輔さんの落語が大好きで、中でもさすが名人芸と思わせる演目に古典落語の「しじみ売り」がある。江戸時代、悪どく金儲けした金持ちの蔵に盗みに入り、生活に困っている人たちにお金を分け与えていた鼠小僧次郎吉が、料亭の前でしじみ売りの少年と出会う。

次郎吉が、まだ子どもなのになぜ、しじみを売っているのかと尋ねると、姉が病で寝ているので、自分が稼がなければならないと言う。

なぜ若い姉が病気なのかと尋ねると、お姉さんと婚約者が旅の途中で悪人にお金を騙し取られた際に、助けてくれた次郎吉という人が小判をくれた。ところがその小判には、あるお屋敷の刻印がついていて、盗み出されたものであることがわかり、婚約者は捕まって今も投獄されている。

次郎吉からもらった小判だと白状すればいいのに、助けてくれた恩を仇で返すことはできないと本当のことを言わないから、牢屋から出ることができない。姉はそれを気に病んで寝たきりになっているから、生活のために自分がしじみを売っているのだと言う。

次郎吉はすべてを悟り、自首することを決意する、という話だ。

自分が良かれと思ってしたことでも、その裏で苦しんでいる人がいるかもしれない。何も考えずに行動しているならなおさらだ。都会に住む僕たちが、食器を洗剤で洗い、お化粧をして、3時のおやつにポテトチップスやアイスクリームやチョコレートを食べ、小腹がすいたらインスタントラーメンをすする。現代のそんな快適な暮らしが、ボルネオゾウの赤ちゃんに川を渡らせ、苦しい思いをさせ、時には死に追いやっているかもしれない。そういう犠牲の上に僕たちの便利な暮らしは成り立っている、ということを、知っておかなければならないと思う。

10

フサオマキザル

直立２足歩行の進化を見た！

ヤシの実を割るために石を持ち上げたボスザル

道具を使う類人猿以外のサル

前ページの写真を見て、どう思われただろうか？　合成？　人に訓練されたサル？　どちらも違う。正真正銘、野生のサルの日常的な生活を撮影した一枚なのだ。

小さなサルが自分の顔ほどの大きな石を持ち上げ、いま正に打ち下ろさんとしている。その表情は引き締まり、自分が今何かをやり遂げようという明確な意思が感じられる。

いったいこのサルは、何をしているのだろうか？

長い間、人間以外のサルで道具が使えるのは、木の枝を使ってシロアリやハチミツを採って食べるスマトラ島のオランウータンと、木の枝でアリを釣ったり、小さなヤシの実を石の台に置き、片手で持てる石で割って食べるチンパンジーしか知られていなかった。

人間に近い類人猿だけが、道具を使えると考えられてきたのだ。

しかし２００４年、世界的なサル研究専門誌「American Journal of Primatology（アメリカの霊長類学誌）」に、類人猿ではない普通のサルが、大きな石で硬いヤシの実を割る行動が見つかったという論文が掲載されたのだから、驚きは大きかった。

そのサルは、南米に生息しているフサオマキザルだ。南米のサルは、「巻きつく尻尾を持つサルと空飛ぶトカゲ」の章でも書いた通り、およそ３５００万年前にアフリカから南米にたどり着いた、たった1種の祖先から進化した「新世界ザル」と呼ばれる仲間で、類人猿とは最も離れた系統だ。

これは、フサオマキザルの道具使用が、まったく独自に進化したことを意味している。

ヤシの実を割るフサオマキザルの生息地は、ブラジル北東部にあるピアウイ州の州都テレジーナから、アスファルトの道を車で10時間ほど走り、さらにホコリだらけの土道を２時間近く走った先にある、ボアヴィスタ（ポルトガル語で「良い眺め」を意味する）という場所だ。まるでアメリカのグランドキャニオンを小さくしたような、垂直にそびえる岩山の谷間に広がる、灌木（かんぼく）の森の中に研究ステーションがあった。

出迎えてくれたのは、論文を書いたドロシー・フラゲイジー博士（アメリカ）とエリザベッタ・ヴィザルベルギ博士（イタリア）の２人の女性研究者。２人とも白髪のご婦人で、長年、フィールドでサルを研究しているようにはとても見えない。

それもそのはず、2人の専門は心理学で、元々は実験室で、オマキザルの研究をしていたのだ。世界的な名著として知られる「The Complete Capuchin（オマキザルの全て）」の著者でもある。

オマキザルは、心理学の分野では以前から、実験室で研究されてきた。ヒトが物事を認知するようになった過程を理解する上で、サルの中でも頭が良いオマキザルの認知能力に、ヒントが隠されていると考えられているからだ。

2本足で歩くサルたち

ヤシの実を割る現場は、彼女たちの研究ステーションから森の中を30分ほど歩いたところにある。向かう途中で谷間に響くガゴーンという音が聞こえてきた。明らかに大きな石と石がぶつかり合う音だ。

はやる気持ちを抑えて近づくと、高さ20メートルほどの崖(がけ)に囲まれた谷間に、森が少し開けた場所があり、20匹ほどのフサオマキザルが集まっていた。僕たちは、サルから10メートルほど離れた、ヤシの葉で組まれたブラインドの内側に入り、観察をはじめた。

はじめて観るフサオマキザルの道具使用。ニホンザルよりもひとまわり小さなサルが、大きな石を持ち上げてヤシの実を割っている姿には、やはり驚いた。一心不乱にヤシの実を割り、美味しそうに食べている様は、実に微笑ましい。

しかし同時に、何ともいえない違和感をおぼえた。道具を使うことは、それを見に来たわけだから勿論おかしいとは感じない。いったい何が変なのだろうとしばらく考えて、気がついた。広場にいるサルがみんな、2本足で立ち、スタスタと歩いているのだ。

通常、サルは前足をついて4本足で歩く。ヤシの実を石で割るだけでもかなりの驚きなのに、なんの苦もなく2本足で歩いているサルを、ブラインドの中から観察しているのは、まるで、夜中に人知れず靴を作る、小人の様子を覗き見てしまったかのようだった。

彼らが2足歩行をする理由は、すぐにわかった。両手で物を運んでいるからだ。

この場所でフサオマキザルが運ぶものは2つある。1つは食べるためのヤシの実。地面から直接葉が伸び、その付け根に直径5センチほどの実を数十個つける種類だ。

このヤシの実を、生えているところから広場まで運んでくるのだが、一つ一つ持って来るのでは効率が悪い。フサオマキザルは両手を使って、一度に持てるだけ持って広場に運ぶために、2足歩行をするのだ。

ニホンザルでも餌付けされている群れでは、もらった食べ物を持てるだけ持ち、仲間に邪魔されない場所まで運ぶために、短い距離を素早く2本足で歩くことがある。しかし、ニホンザルの場合はいかにも不安定で、少し歩くとすぐに手をついてしまう。

それに比べ、フサオマキザルの2足歩行は、両手にヤシの実を持って直立しながら、周りを見渡したりするなど、ずっと安定している。

それは、ヤシの実以外にもう一つ、両手を使わなければ運べないものを運ぶときの歩き方を観れば、よくわかる。ヤシの実を割るハンマーとなる石だ。

フサオマキザルがヤシの実を割る場所は、観察している広場に限られているといっていい。なぜなら、割るためには、決まった台が必要だからだ。

台はいくつかあるが、そのほとんどが、広場の背後にある崖から崩落した、1メートルから2メートルほどある巨大な岩を利用しているため、動かすことができない。

もっとも利用頻度が高い岩（193ページの写真）を見ると、台になる部分は深皿のように削れ、その内側には、直径5センチほどの窪みがいくつもできていた。窪みは、ちょうどヤシの実がはまる大きさだ。岩は泥が固まってできた泥岩で柔らかいため、長年サルがヤシの実を割っているうちに削れて、窪みができたのだ。

岩の周りの地面には、これまでサルが割ってきた大量のヤシの殻が堆積していた。さらに、その岩の2メートルぐらい横にも、同じような窪みがたくさんできていて、ヤシの実割りが行われていた。

そこにも元々、大きな岩があったが、長年ヤシの実を割り続けているうちに削れてしまい、いまでは地面と同じ高さになってしまったという。気が遠くなるような長い時間、何千、何万というヤシの実を割ってきた結果に違いない。

他にも、倒木にちょうどヤシの実がハマる窪みがついていて、その周りにも殻が散乱していた。いずれにしても、ヤシの実を割るためには、専用の台にセットしなければならず、台は動かせないので、ハンマーを持ち運ぶことになる。

ハンマーに使っている石は広場に3個あり、重さは６００グラムから1キロほど。フサオマキザルの大人の体重は2キロから4キロ程度なので、自分の体重の25～30パーセントくらいの重さがある。人間で考えると、体重70キロの人にとっての20キロほどに相当する。

ハンマーには所有権はなく、首尾よく実が割れるとその場に残していくので、次もそのまま同じ場所で使えばいい。しかし、不思議なことに多くのサルは、わざわざ別の台までハンマーを運んでから、割りはじめる。持ち運ぶには相当重いはずだが、サルにはそれぞれのお気に入りの台があるのだ。重い石は当然、両手で持つため、2足歩行をしなければならない。

先祖代々受け継がれてきた道具

このハンマーになる石は、色は茶色で台になる岩と似ているが、丸みがあり、表面がなめらかで、持つとずしりと重い。泥岩とは明らかに組成が違う火山性の硬い石だ。

泥岩は柔らかいので、実を置く台にはいいが、ハンマーには向かない。時々、若いサルが、手で持てるぐらいの泥岩でヤシの実を叩くが、岩のほうがすぐに割れてしまうのだ。

しかし、広場を見回しても周りは泥岩ばかりで、硬い石はどこにも見当たらない。いったいサルたちは、ハンマーになる石をどこから持ってきたのだろうか？

硬い石が丸みを帯びているのは、川に流され角が取れたからだ。しかし、サルが棲んでいるのは、ブラジルでも屈指の乾燥地帯。どこを見回しても川などない。

研究者が辺りをくまなく探してみると、広場から1キロほど離れた山の上から、持ってきていることがわかったという。実際に僕がその山頂まで行ってみると、確かに地層の中に、硬くて丸い石が埋まっていた。ここは、数億年前には川底だったのだ。僕たちもハンマーになりそうな石を探してみたが、あるのは直径5センチほどの小さな石ばかり。大きな石はすでに、サルによって持ち去られてしまったのだろう。

広場にあるハンマーは、いま生きているサルが持ってきたわけではない。ヤシの実を割るため、何百年もの間、先祖代々受け継がれてきた道具なのだ。

700年前からの行動

体重の3割近い重さの石を運ぶボスザル

それを裏付ける論文が、2016年7月1日付けの「Current Biology」に発表された。それによると、この地域では少なくとも700年前から、サルが石を使ってヤシの実を割っていることが確認されたという。

以前は、フサオマキザルがヤシの実を割る行動は、自然に起きたのではなく、人間を真似したのではないかとの説が囁（ささや）かれていた。しかし700年以上前から行っていたことが証明されたことで、この説は明確に否定された。この地域では、先住民が活動していた形跡が一切見つかっておらず、ヨーロッパ人がブラジルにたどり着いたのは、今から500年前なのだ。

実は、専門家の間では、この説は以前から否定されていた。なぜなら、そもそもサルは、人間の行動の意味を理解して真似をすることなどできないからだ。

「サル真似」という言葉の意味は、広辞苑によると「本質を理解せずに、うわべだけまねること」となっている。その言葉通り、サルはある程度、他の個体の行動を真似することはできる。しかし、その行動にどんな意図があるのかを理解しての「模倣(もほう)」はできないことが、多くの実験で確かめられているのだ。

サル真似ができるのは、「ミラーニューロン」という神経細胞があるおかげだ。これはブタオザルというニホンザルに近い種で実験しているときに見つかったもので、他の個体の行動を見て、まるで鏡のように脳内に同じ行動を映し出す働きがある。

発見は偶然で、サルが手で物をつかむときに、どのニューロンが活動するのかを調べる実験をしていたときのこと。研究者が手で物を拾うのを見ただけで、サルがエサをつかむときと同じニューロンが活動したため、その存在が明らかになった。

相手が手を上げたらこちらも手を上げる、などの単純な動きは、ミラーニューロンによりサルでも真似ができる。しかし、石を打ち付けてヤシの実を割るような、その行動(石を打ち付ける)がどんな結果(ヤシの実が割れる)をもたらすのか、という因果関係を理解することはできないのだ。

フサオマキザルのヤシの実割りの習得には長い時間がかかる。広場で観察していると、割っているのは大人だけ。２〜３歳の子ザルは、大人がヤシの実を割り食べているのを、横で指をくわえて見ているだけだ。

大人が食べ終わって捨てた殻を拾って舐めてみたり、石を転がしたりはするが、持ち上げることはない。１９３ページの写真の左側で、子ザルがじっと見ているように、大人がどうやってヤシの実を割って食べたのかをすぐ横で凝視しているのに、その動きを真似ることはできないのだ。

意外に聞こえるかもしれないが、サルの親は子どもに食べ物を与えない。積極的に与えるのは人間だけで、チンパンジーやオランウータンなどの類人猿でも、そばにいる子どもが自分の食べているものを横から取ることは許すが、与えることはしないのだ。

フサオマキザルの親も、自分で手に入れた食べ物を子どもに与えないどころか、子どもが親の割ったヤシの実に手を伸ばすと、すごい勢いで怒る。それがサルの掟なのだ。つまり、フサオマキザルの子ザルは、自分でヤシの実を割れるようになるまでは、食べることができない。

たまには大人が割った殻に残ったわずかな実を食べ、それが美味しい食べ物であることはわかっている。だから、自分で取ってきたヤシの実を、落ちているハンマーに打ち付けている姿はよく見られる。しかし、このヤシの実は、その程度で割れるような代物ではない。クルミよりも何十倍も硬いのだ。

僕もカナヅチで割ろうとしたが、丸くて不安定な実をしっかり叩くことは難しく、何度も試したができなかった。ノコギリで切って断面を見ると、5ミリほどの分厚い殻に覆われていて、中には隙間なく種子がびっしりと詰まっていた。

本来、この実を食べられるのは、コンゴウインコという全長1メートルほどになる大型のインコで、鋭く尖ったペンチのようなくちばしで殻を割って中身を食べる。他の生きものが食べるようには、デザインされていないのだ。

それを何とかして食べようと、殻を割る方法を編み出したフサオマキザルの知恵には、驚く他ない。

いかにして技術を習得するのか？

見た限り、群れの大人は、上手い下手はあるが、みんなヤシの実割りの技術を習得している。いかにして、割れるようになるのか？　そこには、途方もなく長い道のりがある。

子ザルは、大人がヤシの実を割るときに、石のハンマーを使っていることは理解している。地面に落ちている石を手でコロコロと転がし、不思議そうに見つめているうちに、大人に押しのけられ持って行かれてしまう。

ヤシの実は美味しいから、自分も食べたい。でも、大人たちがどうやって中身を食べているのかまったく理解できない。自分で採ってきたヤシの実をハンマーに打ち付けてみるが割れるわけもなく、ただ見つめるだけ。これを1年近く繰り返すという。

次の段階は、大人たちは石を持ち上げてヤシの実の上に落としていることを理解して、少し石を持ち上げて試みるようになる。でも、10センチぐらい持ち上げた程度で割れるはずもなく、また1年ほど割れないまま虚しく時間が過ぎていく。

その次は、体力もついてくるので、顔ぐらいの高さまで石を持ち上げて、ヤシの実に落とせるようになる。でも、落とすだけでは、ほとんど割れない。最後まで手を添えて打ち付けなければならないのだ。

しかし、下を持って持ち上げた石を、そのまま打ち付けてしまうと、ヤシの実と石の間に手を挟んでしまい、あまりの痛さに叫び声をあげ、潰された指をじっと見つめることになる。一度痛い目に遭うと、次はまた投げるようになる。成功からは遠ざかり、時間だけが過ぎていく。

そして、僕がカナヅチで叩いても割れなかったように、丸い実は力がかかると動いてしまう。専用の台にセットしないと割れないことを理解するのにも時間がかかる。

博士たちによると、ヤシの実がある程度の確率で割れるようになるまで、どんなに早くても2年、長いと4年以上、試行錯誤がくり返されるという。

なんとかヤシの実が割れるようになっても、それがゴールではない。観察していると、動きは同じに見えても、ヤシの実を簡単に割るサルと、なかなか割れないサルがいるのだ。最も上手いのは、群れの中でもひときわ体が大きいボスザルだ（193、201ページの写真のサル）。

ボスはヤシの実に2、3回石を打ち付ければ、必ず割ることができる。10回以上打ち付けないと割れない他のサルとは、どこが違うのだろうか？

動きがゆっくり見えるハイスピードカメラの映像で見比べてみた。すると、ボスザルは、持ち上げる時には石の下にあった手を、顔の前まで上げ、重力から解放された瞬間に、スッと上に持ち替えていた。そして、ヤシの実に石が当たる瞬間に、しっかりと上から石を押さえつけることで、エネルギーを余すことなくヤシの実に伝えていたのだ。

それに対し、割れないサルは、石を持ち上げても、手を持ち替えることなく打ち下ろしていた。そのままでは、ヤシの実との間に手を挟んでしまうので、当たる少し前に石を手から離していた。すると当たった瞬間、石がバウンドして、力が上手くヤシの実に伝わらない。最後の最後、ほんの0・1秒の詰めの甘さが、割れるか割れないかを左右していたのだ。

非常に微妙な違いだが、この技を習得するのは、相当難しいだろう。いくらボスの行動を凝視していてもわかるまい。人間でも職人技は教えることができないのと同じで、これは経験を積んで、自分で体得していくしかない。

好奇心旺盛で諦めない性質

チンパンジーとフサオマキザルが石を使ってヤシの実を割って食べる行動と、その他のサルの道具使用には、大きな違いがある。それは、使う道具が１つだけなのか、２つの道具を組み合わせているのかという点だ。

２００６年にタイの海岸線に棲むカニクイザルが、波打ち際の岩に付いた牡蠣（かき）の殻を、石を打ち付けて割って食べる例も報告されているが、カニクイザルが牡蠣の殻を割るのは片手で持てる石なので、道具は１つだけ。シロアリなどを採るオランウータンの木の枝も１本なので、道具は１つだ。

それに対し、チンパンジーとフサオマキザルのヤシの実割りは、手で持つハンマーとしての石（道具①）で、台になる大きな岩（道具②）の上に置いたヤシの実を割る。道具を２つ使っている。

チンパンジーとフサオマキザルは、道具①と道具②とを組み合わせないと、ヤシの実が割れないことを理解している。さらにいえば、割ろうとしているヤシの実も入れて3つの物の関係を理解しているのだ。

えっ、そんなこと？　と思うのは、我々人間にとっては、道具を組み合わせて使うのが、それほど難しくないからだろう。しかし、人間のように物事の因果関係を正確に理解できない生きものにとって、そこには大きな壁がある。

チンパンジーが道具を組み合わせて使えるのは、人間に最も近い生きものなので、ある程度理解できる。しかし、まったく違う進化を遂げてきた新世界ザルのフサオマキザルに、その能力が備わっているのはなぜなのだろうか？

オマキザルの仲間は、アマゾンなどの熱帯雨林に多く棲んでいて、果物や虫、カエルや鳥の卵など、なんでも食べる雑食性だ。ほとんどのサルは決まったものしか食べない中で、珍しい食性を持っている。

他のサルに比べ、食べ物に含まれるエネルギーが高いおかげで、オマキザルの仲間の体に占める脳の重さの割合（脳化指数と言う）は、2・4〜4・8と、サルの中ではチンパンジー（2・2〜2・5）を超え、人間（7・4〜7・8）に次いで大きいのだ。「南米のチンパンジー」といわれるぐらい非常に頭のいいサルであるのも、その食性によるところが大きい。

さらに、オマキザルの仲間は、非常に好奇心が旺盛なことでも知られている。研究者によると、なんでも中身を見てみたい、という欲求が特に強く、しかも恐ろしく諦めが悪いのだそうだ。何か知らないものがあると、手に持って振ってみる。そして、何かに叩きつけて壊して、中を見ようとする性質があるそうだ。

こうした行動は、他のサルではほとんど見られない。唯一の例外は人間で、赤ちゃんが手に持ったものを振り回し、何かにぶつけるのは、誰でも見たことがあるだろう。

オマキザルの仲間はさらに、壊したものの中身を、とりあえず口に入れてみるという。雑食性のオマキザルは、こうして食べ物のバリエーションを増やしてきたと考えられている。

生きものが生息できる場所は、食べ物に大きく左右される。決まったものしか食べなければ、その食料がある環境から離れることができず、生息範囲を広げることは難しい。オマキザルの食べ物への飽(あ)くなき探究心こそ、生息範囲を広げていくための原動力となったのだ。

もともと熱帯雨林に棲み、木の上で果実や昆虫、カエルや鳥の卵などを食べる雑食性だったオマキザルが、本来の生息地ではない乾燥地帯に進出できたのも、それまで食べたことのなかった新たな食べ物、硬いヤシの実を割って食べることができたからだ。

初めてあの硬いヤシの実を割るまでに、いったいどれくらいの時間がかかったのだろうか。好奇心旺盛で決して諦めないオマキザルの性質が、石という道具を使う行動を進化させ、その道具を運ぶことで短い時間ではあるが、2足歩行をするまでになったのだ。やはり「必要は発明の母」だということを、つくづく思い知らされる。

人類の進化の道筋にそっくり

ヤシの実やハンマーを運ぶためにフサオマキザルが見せる見事な2足歩行。頻繁(ひんぱん)に歩くため、その立ち姿も堂に入っている。関節の構造から、ひざを完全に伸ばすことはできないので、人間のように直立というわけにはいかないが、何か物音がした時などにスクッと立ち上がり、周りを見回す動きは実に自然だ。

研究者によると、これは石を持ち上げることで背中や脚の筋肉が鍛(きた)えられ、姿勢を保つのに必要な筋力がついたからだと推測されている。毎日、自分の体重の30%もある石を何十回も持ち上げては打ち付けるのは、まるで筋トレだ。背筋や大腿筋(だいたいきん)が大きくなるに違いない。

この森から乾燥地帯に進出することで2足歩行が発達したストーリーは、どこかで聞いたことがある。アフリカで起きた人類進化の道筋にそっくりなのだ。フサオマキザルがものを持ち運ぶために必然的に2足歩行をしていることは、人類が2足歩行をするきっかけを解明するための、重要な手がかりを教えてくれていると思うのだ。

アフリカで進化を遂げた人類の祖先がおよそ700万年前、どのようにして2足歩行をするようになったのかについては、実に様々な説がある。長い距離を歩くためには、2足歩行の方が効率が良いからという「移動効率説」。草原では立った方が周りを見渡しやすく、敵から身を守りやすいからという「敵警戒説」。日陰がない草原では、立っていた方が暑い地面から大切な脳を離すことができるからという「体温調節説」。中には、水に浸かって歩いたからという「アクア説」(体毛が少ないのもそのため)という説まである。

現在、一定の支持を集めているのは、オスが遠くから家族のために食べ物を持ち帰るためという「運搬説」である。長い距離物を運ぶためには、やはり両手が使えた方がいい。それが重い物であればなおさらであることは、フサオマキザルの石の運搬が教えてくれている。

人類進化の順番でいうと、2足歩行が初めにあり、両手が自由に使えるようになることで道具と火の使用が始まり、摂取カロリーが多くなったために、脳が大きくなっていった。そして、直立したことにより、喉の構造に変化が起きて、声帯で作られた音が共鳴する空間が大きくなり、言語の発達が始まった、というのが定説となっている。初めに2足歩行がなければ、私たち人類が誕生していなかったことだけは確かなのだ。

フサオマキザルがヤシの実を割る姿を見ていると、人類の進化と同じ道のりを、南米という新世界で、小さなサルが歩み始めているのではないかと想像してしまう。

人間と遺伝子的に最も近いチンパンジーが、遠い将来、人類のように進化することは、科学的にはありえないと言われている。しかし、人類から最も遠い親戚である新世界ザルには、その可能性が残されているのではないだろうか。彼らは、我々人類と同じ開拓精神と好奇心、それに決して諦めない性質をも兼ね備えているのだから。

人間は、自分たちだけが他を超越した能力を持っている生きものなのだと信じているかもしれないが、決してそんなことはない。道具を使う行動が新世界ザルで発見されたことは、ある種の知性がまったく別の道を歩んでも発達し得ることを、教えてくれている。

100万年後、人類が絶滅した地球で、この場所に小さなサルたちの村ができているかもしれないと想像すると、ちょっと愉快(ゆかい)な気持ちになった。

11
フローレス原人

なぜ我々だけが生き残ったのか？

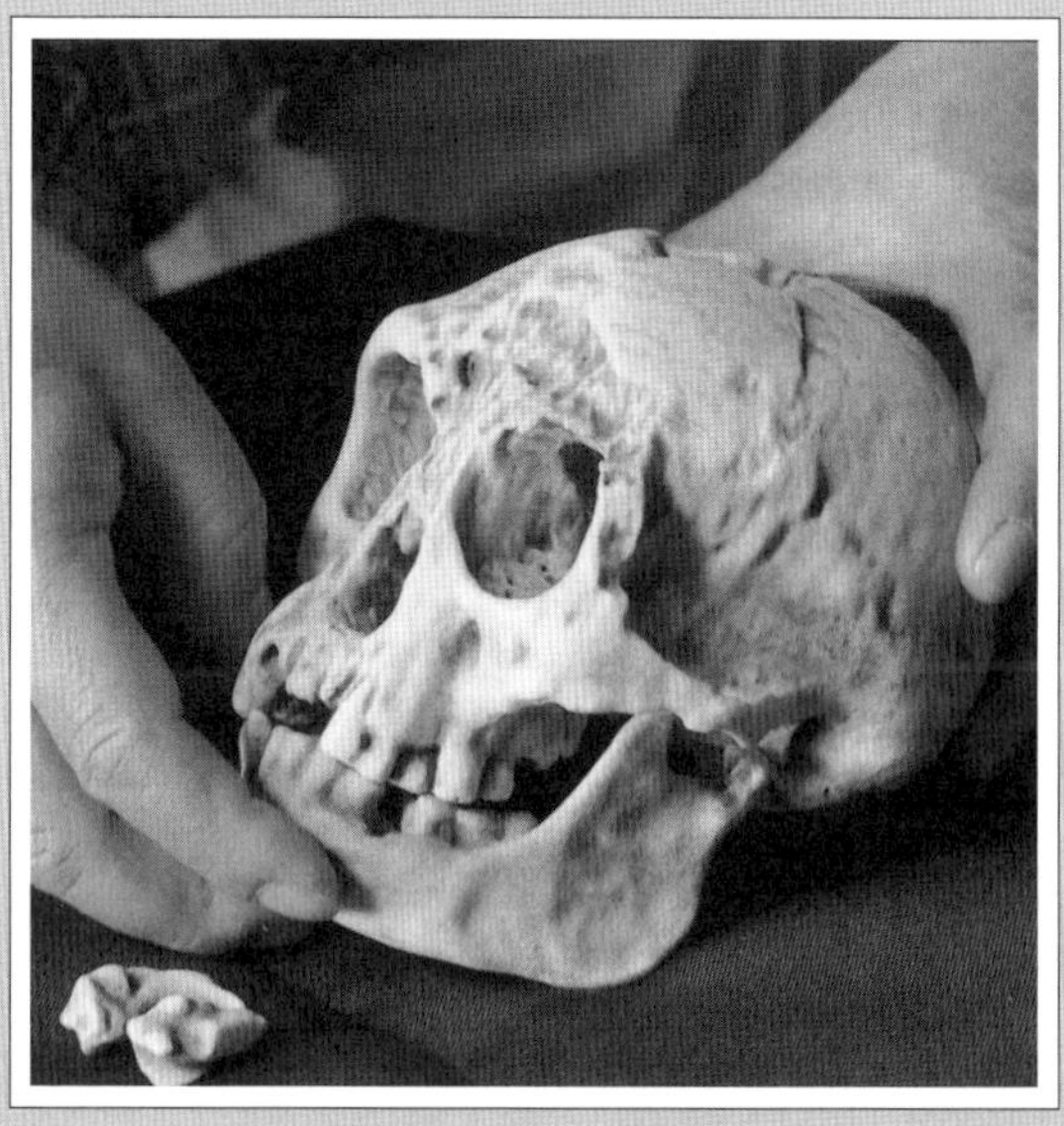

フローレス原人の頭蓋骨

世紀の大発見

「ホビット」をご存知だろうか？　イギリスの作家、トールキンのファンタジー「指輪物語」に登場する、中つ国の種族で、身長100センチほどと小さいのが特徴だ。日本人にとっては、ピーター・ジャクソン監督の映画「ロード・オブ・ザ・リング」の主人公といった方が通りがいいだろうか。

ホビットは、トールキンの創造した架空の種族なのでもちろん実在しないが、2003年、インドネシアのフローレス島で、人類の特徴を持ちながら、身長が1メートルほどしかない奇妙な骨が発掘されたと、世界的な科学雑誌「ネイチャー」に発表された。これは、人類進化の常識を覆す世紀の大発見であり、世界中の人類学者の間に論争を巻き起こした。

フローレス島は、有名なバリ島の3つ東にある大きな島で、1万以上の島からなる島嶼国家であるインドネシアで、10番目の大きさがある。

日本ではほとんど知られていないフローレス島へは、バリ島から飛行機が出ている。僕が取材で訪れたときには、欧米人と思われる半袖、半パン、ビーチサンダルの外国人で満席だった。僕が知らなかっただけで、フローレス島は、なかなか人気の観光地のようだ。

この人たちは、みんなフローレス原人を見に行くのだろうか？ だとすると、洞窟（どうくつ）は狭いだろうから、撮影は結構面倒になりそうだと思いつつ、飛行機の窓からインドネシアの島々を眺（なが）めていた。

しかし、空港に到着してすぐ、それが杞憂（きゆう）であることに気がついた。飛行機からタラップを降りて、空港ターミナルの建物を見ると、巨大なトカゲの写真がこれでもかというほど飾られていて、その前で観光客がはしゃぎながら記念撮影をしていた。

彼らの目的は、世界最大のトカゲ、コモドドラゴンに会うことだったのだ。コモドドラゴンが棲（す）むコモド島は小さいため、空港が作れない。そこで、隣のフローレス島が玄関口になっている。

そもそも、空港はフローレス島にあるにもかかわらずコモド空港というのだから、世界最大のトカゲの、観光への貢献度の高さが窺（うかが）える。全長3メートルにもなる世界的に有名なコモドドラゴンは、動物番組を制作している者としては、一度は見てみたい。

しかし、今回の僕たちの目的は、この島に降り立った人の誰も見向きもしない、1メートルほどの小さな人類、フローレス原人の骨が発掘された洞窟に行くことだ。ほとんどの観光客が、コモド島に行くために港がある海の方を目指すのを横目に見ながら、反対方向の山の中へと車を走らせた。

赤ちゃんくらいの頭の大きさ

フローレス島は、東西350キロ、南北は15キロから65キロと横長の島で、空港があるラブハンバジョの街は、島の西の端にある。そこからフローレス原人の骨が発掘されたリアン・ブア洞窟までは、120キロと距離はそれほど遠くない。

しかし、いくつもの山を越えていかなければならず、道路はアスファルトだが、細くつづら折りになっていて、車内で右に左に体を振られながら耐えなければならない。

街から離れれば離れるほど道は細くなり、車一台がようやく通れる幅で、対向車とすれ違わなければならない。街から洞窟に到着するまで5時間かかった。

目的のリアン・ブア洞窟は、山間にある田んぼのあぜ道の先にあった。洞窟というから、入り口が狭く奥行きがあって、懐中電灯で照らしながら入っていくのをイメージしていたが、高さ25メートル、間口は30メートルほどと広かった。奥行きは40メートルほどで、左奥に向かって少し上がるスロープになっていて、雨水の浸入も防げそうだ。
内部はドームを半分に切ったような形で天井が高いため、奥まで光が入り、思っていたよりもずっと明るい。天井からつらら状の石がいくつも下がっているから、元々は鍾乳洞だったのだろう。

僕が訪れた時には発掘作業はしておらず、穴も埋め戻されていたので静かでひんやりとしていた。恐ろしく不便な場所にあるため、僕たち以外には誰も居ない。撮影はしやすいが、人類学の常識を覆す大発見があった場所としては、いささか寂しい気がした。

この洞窟で世界的な発見があったことを物語るのは、道を隔てて建てられた小さな博物館だけだ。ごく普通の一軒家のようだが、中には発掘の経緯が記されたプレートとともに、フローレス原人の骨格のレプリカが飾られていた。

実物は、ジャカルタの国立考古学センターで厳重に保管されている。フローレス原人の骨は、事前に論文などを読んで想像していたよりも、はるかに小さいものだった。２００３年に発掘された、ホロタイプ標本（新種記載論文で学名の基準となった標本）は、洞窟の名を取りリアン・ブア１（Liang Bua1 以下、ＬＢ１）と名づけられ、頭骨、下顎、骨盤、足の骨と、ほぼ全身の骨格だった。

骨や歯の分析から、30歳前後の女性で、身長１０６センチ、脳の大きさは４２６ccだったと推測されている。骨を目の前にすると、背の高さは小学生ぐらいで、頭の大きさは、まるで赤ちゃんのようだ。

なぜ、フローレス原人の発見が、人類進化の常識を覆す世紀の大発見だと言われるのか？　その最大の理由は、この大きさ、特に脳が小さかったことにある。

人類進化には様々な学説があり、これが正解と言えるものはないし、分類についても諸説ある。人類はおよそ700万年前にアフリカで誕生し、そこから進化した種が何度かユーラシアへと広がっていき、「猿人」から「原人」「旧人」「新人」へと、不可逆的に進化してきたと考えられている。

ここで、フローレス原人を位置づけるために、大まかな流れを紹介する。

「猿人」と呼ばれる段階は、およそ700万年前〜120万年前。ラミダス猿人やアウストラロピテクスなどがこれに当たる。身長は110から150センチ、脳の大きさは300から400ccほどで、現在のチンパンジーとさほど変わらない。

決定的な違いは、直立2足歩行ができたと考えられていることだ。「猿人」の段階では、アフリカを出た証拠は見つかっておらず、今のところ、どの系統の猿人がその後「原人」へと進化していったのかはわかっていない。

「原人」と呼ばれる段階は250万年前〜5万年前で、ホモ・ハビリスやホモ・エレクトスなどが、アフリカで誕生した。ホモ・エレクトスは、身長150センチ前後で脳の大きさも900ccほどとかなり大きくなっていて、人類で初めてアフリカを出て、ユーラシアに進出した。ジャワ原人（ホモ・エレクトス・エレクトス、130万年前～10万年前）や北京原人（ホモ・エレクトス・ペキネンシス、75万年前～40万年前）などがよく知られている。ホモ・エレクトスは、鋭利な石器を作り使用し、洞窟に暮らし、火を使用していた痕跡（こんせき）が確認されている。

ホモ・サピエンスとホモ・エレクトス

さて、ここで人類の進化をより良く理解してもらうために、先ほどから使っている、ホモ・ハビリスやホモ・エレクトスという言葉について、少し説明しておきたい。

僕たち人間を生物学的にはヒトと呼び、学名がホモ・サピエンスであることは、ご存知だと思う。ホモ・サピエンスという呼び方は、生きものを国際的に共通の名で分類する「二名法」に基づき、基本的にラテン語が使われている。

属名と種小名で構成されていて、ホモ・サピエンスの場合は、ホモ属のサピエンスという種類ということになる。種小名の後ろについている「エレクトス」や「ペキネンシス」は亜種名といい、種として分けるほどの違いはないが、まったく同じでもない場合につける。

ちなみにホモは「人」、サピエンスは「賢い」あるいは「知性」を意味している。ホモ・エレクトス（エレクトスは「直立」の意味）とホモ・サピエンスは属名が同じなので、生きものとしては親戚のようなものだ。

しかし、アジアに進出したホモ・エレクトス、ジャワ原人と北京原人は、ホモ・サピエンスの直接の祖先ではない。ホモ・サピエンスは、アフリカでホモ・エレクトスの仲間から分かれた後でユーラシアに進出したと、一般的には考えられている。

「旧人」とは、40万年前〜2万年前に生息していたホモ・ネアンデルターレンシス、いわゆるネアンデルタール人のことで、ヨーロッパや西アジアなどユーラシア大陸のみで骨が発見されている。

かつてはホモ・サピエンスの直接的な祖先だと考えられていたので、古い人という意味で「旧人」と呼ばれていたが、近年のＤＮＡの分析などから否定されている。ネアンデルタールの名前は、骨が見つかったドイツのネアンデル渓谷（タールはドイツ語で谷の意味）に由来している。

ネアンデルタール人は、脳の大きさが１５００ccあり、ホモ・サピエンスの１４００ccよりも大きかったと考えられている。脳が大きかったのなら、ホモ・サピエンスよりも優（すぐ）

れていたのでは？ と思われるかもしれない。しかし、一人ひとりの潜在的な能力は高かったとしても、声を発するための気道が短く、発声能力は低かったと考えられているため、仲間との連携（れんけい）はあまり上手く取れなかったのかもしれない。

毛皮をまとい、火を使用するなど、生活面ではかなりホモ・サピエンスに近く、死者を悼（いた）み副葬品として花を供（そな）えたり、壁画を描いていた可能性も示されていて、ある程度の文化を持っていたと考えられている。

そして、最後に「新人」としてのホモ・サピエンスが、28万年ほど前にアフリカに現れ、アフリカを出て世界を制覇し現代に至るというのが、大雑把（おおざっぱ）な人類進化の流れになる。

脳が小さくなったフローレス原人

この中で、インドネシアのフローレス島で発見されたフローレス原人、ホモ・フローレンシスは、どのような位置付けになるのかを見ていきたい。

属名が「ホモ」であることと「原人」と呼ばれることから、ホモ・ハビリスやホモ・エレクトスに近い仲間であることがわかる。発見されたインドネシアでは、１３０万年前から10万年前まで生きていたと考えられる、ホモ・エレクトスを代表する種、ジャワ原人が見つかっている。このため、フローレス原人はジャワ原人に最も近そうだ。

しかし、このことが、世界の人類学者たちの議論を大いに紛糾させた。

第1の問題は、フローレス原人の大きさだ。ジャワ原人の身長は、平均すると150センチ、脳の大きさは900ccほどある。それに対してフローレス原人は、身長はおよそ106センチ、脳の大きさは420ccほどしかない。身長はともかく、脳が半分以下にまで小さくなっているのだ。

フローレス原人が住んでいたフローレス島は、ホモ・エレクトスがいたアフリカからすると、ジャワ原人が住んでいたジャワ島より遠い。つまり、進化の順番は、ジャワ原人よりフローレス原人の方が後ということになる。時代が後の種の方が脳が小さいのは、人類の進化に逆行していると考えられたのだ。

人類は、2足歩行をするようになって手が自由になり、道具を作り、狩猟をして肉を食べるようになる。栄養価の高い肉を食べることで脳が飛躍的に大きくなり、やがて1400ccの脳を持つ「新人」、つまり私たちホモ・サピエンスが誕生したと考えられている。

脳の大きさは、人類が獲得してきた形質の中で最も重要なもので、これが退化することは考えにくい。脳が大きいほど進化していると推測されるので、脳が小さくなるような進化は起こらないと思われていたのだ。

フローレス原人が実在したとすると、それまで考えられていた進化のセオリーに反することになる。そのため、真偽について、「ネイチャー」や「サイエンス」などの有名科学雑誌に、多数の論文が乱れ飛ぶこととなった。

3つの説は次々に否定された

初めに出た指摘は、発掘されたのは子どもの骨なのではないか、というものだった。しかし見つかった個体は、永久歯が生えそろっていたため、この説は即座に否定された。

次に出たのは、アフリカにいたホモ・ハビリスが、未知のルートでアジアまで来ていたのではないかという説だ。ホモ・ハビリスはホモ・エレクトスより小さかったので、大きさという点では説得力がある。

だが、ホモ・ハビリスがアフリカを出た証拠はなく、アジアのほかの地域ではまったく発見例がないことから、この説もあまり支持されなかった。

最も多く出された見方は、LB1は5万年ほど前に生きていたと推測されるから、その時代にこの地域にたどり着いたホモ・サピエンスの、小頭症の大人ではないかというものだった。これも、LB1以降、発掘された9体の骨がどれも、同じような身長と脳の大きさだったこと、その後の調査で、フローレス原人の骨が80万年前の地層からも発見されたこと、手首や肩の構造がホモ・サピエンスとは明らかに異なることなどから否定された。

その後、長年ジャワ原人の研究を続けてきた、現東京大学総合研究博物館教授の海部陽介氏のグループによる研究で、フローレス原人には、70万年前のジャワ原人の特徴が、最もよく残されていることがわかったのだ。

フローレス島では、フローレス原人の発見前から、リアン・ブア洞窟の東にあるソア盆地で、80万年ほど前に作られたと見られる石器が多数見つかっていたが、これらを誰が作ったのかは謎に包まれていた。

これらの証拠から、フローレス原人は、80万年ほど前にジャワ原人がフローレス島に渡ってきて小型化したものと考えるのが、最も確からしいと考えられるようになっている。

フローレス原人は人類の「島嶼化」

ではなぜ、フローレス原人は、祖先であるジャワ原人よりも小さくなったのか？　そのヒントを、国立科学博物館の人類進化の展示室で復元された、フローレス原人をはじめとした当時の生きものたちの模型に見ることができる。

ガラスケースに入ったフローレス原人の復元模型を見ると、幼稚園の年長さんぐらいの背丈（せたけ）しかないのに、体つきや顔は完全に大人のものであることに、かなりの違和感を覚えだ。

るだろう。その違和感をさらに増しているのが、後ろに立っている生きものたちの大きさだ。

高さ2メートルほどある巨大な鳥はハゲコウの仲間。3メートルのトカゲはコモドドラゴンだ。70センチのネズミは、今もフローレス島で生きている。そして高さ1・5メートルと極端に小さなゾウは、ピグミーステゴドンだ。

縮尺がバラバラな展示物を間違って一ヶ所に集めてしまったかのような不思議な感覚にとらわれるが、これらはすべて、リアン・ブア洞窟で発掘された骨を元に再現された、数万年前のフローレス島に生息していた生きものたちの実寸である。こんな奇妙な世界が、当時のフローレス島にはあったのだ。

どの生きものも、僕たちがイメージする大きさと違うのは、生物学でいう「島嶼化」による。大陸に比べて生息場所や食べ物などの資源が限られている島では、生きものが巨大化するか矮小化（わいしょうか）する傾向があるのだ。

大型動物は同じ種類であっても、小さな個体の方が代謝量が少なく性成熟も早いから、島では生存と繁殖が有利になる。そのため、体が小さくなる方向に進化の選択圧が強くなると考えられている。

小型動物は、島には天敵が少ないために捕食圧が小さく、捕食者から隠れるために小さな体を維持する必要がなくなる。そこで、大陸で中型動物が占めるニッチ（生態的地位）への進出が起きるため、大型化すると見られている。

島嶼化は、世界各地の島で見られる現象で、フローレス島に特有のものではない。これと同じことが人類にも起きたため、フローレス原人は小型化したと考えられているのだ。

とはいえ、脳の大きさが半分になってしまう進化が、本当に起こりえるのだろうか？　海部教授のグループによって綿密に検証された結果、体の大きさと脳の大きさは比例していて、体の大きな北欧の人種と小さなアフリカの人種では、脳の大きさはかなり違う。それをジャワ原人とフローレス原人に当てはめてみると、この脳の大きさの差は、ありえない数字ではないこともわかったのだ。

たとえるなら、セントバーナードとチワワは、イヌという一つの種で、脳の大きさは当然、セントバーナードのほうが大きいが、頭の良さには大きな違いはないのと同じことだ。

生物学者、ウォレスが気づいた「線」

フローレス原人には、別の謎も浮上した。彼らの祖先はどのようにして、フローレス島に渡ったのか、というものだ。インドネシアの大きな島の並び方を地図で見ると、西側からマレー半島の横にあるスマトラ島、ジャワ島、バリ島、ロンボク島、スンバ島、フローレス島が一列に並んでいる。それぞれの島の間隔もそんなに離れていないので、島伝いにフローレス島まで来るのはそう難しくないように見える。しかし、バリ島とロンボク島の間には、生きものが容易に越えられない見えない「線」があるのだ。

数万年前の氷河期には海水面が120メートルほど下がったため、スマトラ島、ジャワ島、バリ島、ボルネオ島などのインドネシアの島々は大陸と陸続きになり、「スンダランド」と呼ばれる一つの陸塊となったものの、ロンボク島よりも東側は、繋がらなかった。それは、バリ島とロンボク島の間にある海峡が、深さ250メートルもあるからだ。近そうに見えるが距離は20キロ以上あり、泳いで渡ることも難しい。

19世紀、ダーウィンとほぼ同時期に、生きものが進化することに気がついていた生物学者、アルフレッド・ウォレスがインドネシアを訪れ、島々を巡って棲んでいる生きものを入念に調査した。その結果、この海峡を境に生物相が大きく変わることに気がついた。バリ島まではアジアの生きものがいるのに、ロンボク島よりも東にはほとんど見られなかったのだ。

彼がこの現象に気がついたのにちなんで、この見えない線は「ウォレス線」と呼ばれている。ウォレス線を越えることができた哺乳類は、コウモリを除くと泳ぎが得意なゾウやネズミなどごくわずか。ほとんどは海峡を越えることができず、スンダランドに留まった。

アジア最強の捕食者であるトラが、バリ島まではやってきたが、それより東には進出できなかったことからも、この線を越える難しさがわかる。

どうやってウォレス線を越えたのか？

フローレス原人が発見されるまでは、ウォレス線を初めて越えた人類はホモ・サピエンスだと考えられていた。5万年前に島伝(づた)いにオーストラリアにたどり着いていたことが、発掘などの調査からわかっているのだ。ホモ・サピエンスは船を作り、島から島へと渡る航海術を発達させることにより、地理的隔離を乗り越える能力を初めて備えた人類だった。

フローレス原人が80万年前から5万年前まで75万年もの間生きていたということは、近親交配を繰り返したわけではないだろう。ある程度の遺伝的な多様性がある集団だったと考えるのが普通で、まとまった数が一緒に渡ったことになる。筏(いかだ)や舟を作る技術を持たなかったフローレス原人の祖先が、ウォレス線をどうやって集団で越えたのかは今も謎のままだ。

もっとも、フローレス原人が自分たちの意思で渡ったと考えるから謎になるのであって、自然現象によって偶然たどり着いたのなら、大いに可能性はある。世界には、自然現象で海を越えたと考えられているサルの集団があるからだ。アフリカからマダガスカルに渡ったキツネザルと南米に渡った新世界ザルだ。

アフリカからマダガスカルの距離は４００キロ、南米までは１０００キロ以上と桁外れに遠い。これは数千万年前のことで、当時は体の大きさがネズミ程度しかない、サルの原始的な祖先だった。４章で紹介した通り、住処としていた大きな木などと共に流し出され、数ヶ月の漂流生活に耐えてたどり着いたと考えられている。

それに比べてバリ島から隣のロンボク島は、20キロとずいぶん近い。しかし、原人は原始的なサルほど小さくはないので、住処ごと流し出されることはなかっただろう。

では、どうやって海に流されたのか？　僕は、津波だったのではないかと想像するのだ。

インドネシアは、ユーラシアプレートの下にオーストラリアプレートが沈み込む境界線上にあり、スマトラ島からフローレス島は、ユーラシアプレートの縁に乗っている。そのため巨大地震や津波が多く、21世紀に入ってからだけでも、２００４年のスマトラ島沖地震、２００６年のジャワ島南西沖地震、２０１９年のスラウェシ沖地震などが起きている。

中でも、２００４年のスマトラ島沖地震は、マグニチュード９・１〜９・３の超巨大地震で、発生した津波などにより20万人以上が犠牲になる、甚大な被害をもたらしたことは記憶に新しい。

80万年前にも、ジャワ島で大規模な津波が起き、ジャワ原人の集団が偶然、大木などにつかまって生き残り、海を漂流してウォレス線を越えたのではないだろうか。これは、何の根拠もない僕の個人的な想像だが、これ以外に、ジャワ原人がフローレス島にたどり着くストーリーは思い浮かばない。

5万年前に忽然(こつぜん)と姿を消す

いずれにしても、およそ80万年前に島にたどり着いたフローレス原人は、75万年もの間、生き延びていた。これは、非常に安定した集団だったことを示している。何しろ、28万年前に誕生したと考えられるホモ・サピエンスの3倍もの年月を生きていたのだから。

フローレス原人は、他の人類がなし得なかったウォレス線越えをはたし、フローレス島を隠れ里として、非常に安定した状態で、他の原人が絶滅した後も生きていた。しかし、そんな彼らが5万年前を境に、忽然と姿を消してしまった。ちょうどそれは、ホモ・サピエンスがフローレス島に渡ってきた時期と重なっているのだ。

アフリカで誕生したホモ・サピエンスが最初にアフリカを出たのは20万年前〜10万年前、次が6万年前と考えられている。どちらの時期も、ユーラシア大陸にはすでに先住人類がいた。およそ180万年前にアフリカを出た原人、ホモ・エレクトスは、北京原人としてアジア大陸の端まで達していたし、ユーラシア各地には、40万年前からネアンデルタール人が住んでいた。しかし、原人も旧人もホモ・サピエンスの進出から程なく、地球上から姿を消しているのだ。

ネアンデルタール人とホモ・サピエンスには能力差がない

かつては、能力に優れるホモ・サピエンスが、原人やネアンデルタール人を駆逐してきたと考えられていた。しかし近年の研究では、少なくともネアンデルタール人とホモ・サピエンスの間には、能力差はほとんどないことがわかってきた。

ネアンデルタール人は、狩猟用の石の槍や握り部のある石のナイフを使い、大型のシカやイノシシなどの哺乳類や、カメやトカゲなどの小動物を捕って食べていた。貝や鳥の羽根などを装身具として用い、花などを添えて死者を悼む埋葬を行っていた。

2018年には、スペイン北部の洞窟から、6万5000年前のネアンデルタール人が描いたと見られる壁画が見つかり、両者の間には共通点が多かったことが、改めて証明されている。

しかも、現代人のDNAの中には、ネアンデルタール人由来の遺伝情報が1～4%ほど、混合していることもわかった。これにより、ホモ・サピエンスは、住処や獲物を巡ってネアンデルタール人と競合しながら、1万年以上にわたって交配したと考えられているのだ。

当時のホモ・サピエンスの人口は、骨や生活跡の分析から、ほかの人類より一桁多かったことがわかっている。原人や旧人の集団は、ホモ・サピエンスが増えていく過程で生息場所を狭めていったために近親交配が進み、遺伝病などの有害変異が蓄積され、絶滅したと考えられるようになっているのだ。

なぜホモ・サピエンスだけが生き残ったのかについては不明な点が多いが、どうやら、単純に他の人類よりも優れていたから、というだけではなさそうだ。

新型コロナウイルスでわかった耐性の違い

2020年になって、ネアンデルタール人とホモ・サピエンスの関係を考える上で、非常に興味深い可能性が示された。新型コロナウイルスに対する耐性が、人種によって違うことがわかったのだ。

新型コロナウイルスについては、年齢や持病の有無などによって、重篤になる人とならない人がいることが、発生の初期からわかっていた。そして、世界的に流行が広がるにつれて、欧米人に比べ東アジア人のほうが、比較的軽い症状で済むケースが多く、世界的な重篤患者の分布に偏りがあることが明らかになった。

その原因については様々な憶測が流れたが、2020年10月に「ネイチャー」に発表された論文で、ヨーロッパの人々が重症化しやすいのは、ネアンデルタール人の遺伝子を多く持っているからだ、との研究結果が発表されたのだ。新型コロナウイルスで入院した重症者と、入院しなかった感染者3００人以上の遺伝子を調べた結果、感染者の重症化に影響を与えるのは、3番染色体にある特定の領域であることが判明したという。その後の分析で、その遺伝子領域は、5万年前のネアンデルタール人から発見されたものとほぼ同じで、6万年前にホモ・サピエンスとネアンデルタール人との交配によって、現代人に受け継がれたことも明らかになったという。

ヒトには22組の通常染色体と1組の性染色体があり、それぞれに番号が振られている。その3番目の染色体にある特定の遺伝子領域を持つ人が、新型コロナウイルスに感染すると、重症化するリスクが持たない人の最大3倍になるというのだ。

ウイルスに対する耐性が、特定の遺伝子を持つか持たないかによってこんなにも差が出るのにも驚いたが、それがネアンデルタール人由来のものであることは、人類の進化に興味を持っている人なら、さらなる驚きをもって受け取ったに違いない。

昔から、ホモ・サピエンス以外の人類が絶滅したのは、病気に対する耐性が関係しているのではないか、と論じられてきた。しかし、残された骨などからはわからないために、推測の域を出なかった。しかし、僕たちに受け継がれていたネアンデルタール人の遺伝子が、その可能性を教えてくれたのだ。

これにより、ホモ・サピエンス以外の人類が、病気によって絶滅したことが確定したわけではなく、一つの可能性が示されただけだ。しかし、ホモ・サピエンスが進出した時期に合わせて、多くの地域でほかの人類が絶滅したことを説明するのに、矛盾はない。

ホモ・サピエンスの移動力の高さ

ホモ・サピエンスが人類唯一の生き残りとなった理由の一つに、その移動力の高さが挙げられる。ホモ・サピエンスは、地上を移動するのはもちろんのこと、海を越える知恵まで持ったことで世界中に広まり、他の種と混ざり合い、病原菌やウイルスをまき散らし、時には競争に勝ち、人類で唯一の生き残りとなったと考えられるのだ。

ホモ・サピエンス同士でも、他の人種と接触することによる事件は、歴史上、何度も起きている。有名なのは、コロンブスの新大陸「発見」とスペインによる征服の過程で、ヨーロッパから病原菌が持ち込まれたことによって、南北アメリカ大陸の先住民が壊滅的な打撃を受けたことだろう。

15世紀末に新大陸にはなかったインフルエンザや天然痘（てんねんとう）、梅毒などの病気が持ち込まれたために、耐性のなかった先住民族は次々と死に、マヤ、インカ、アステカなどの文明は滅亡した。

現代の世界でも、アマゾンなどに住む、文明社会と接触したことのない非接触民族「イゾラド」は、一般的な病気に耐性がないため、風邪ウイルスでも死んでしまう可能性がある。もし、イゾラドの棲む地域に今回の新型コロナウイルスが入り込めば、多くの人が亡くなってしまうだろう。

絶滅の形は多種多様だが、意図せずにホモ・サピエンスが持ち込んだ病気によって、ほかの人類が絶滅してしまった可能性は大いにありうることだ。そして、その逆もあり得た。つまり、ホモ・サピエンスが、耐性を持たない病原菌を他の人類によって伝染（うつ）され、絶滅していた可能性もあるのだ。

なぜ僕たちだけが生き残ったのか。それは能力が高かったからではなく、ただ単に、運が良かっただけなのかもしれないのだ。

12

オランウータン

孤独に一生を過ごす「森の人」

頬が出っ張っているフランジオス

なぜ群れを作らないのか？

人間は、常に他人との繋がりを求めている。特に2020年は、コロナ禍で誰とも会えない日が続いたため、孤独を感じた人も多かったのではないだろうか。確かに一人でいることは時に寂しく、精神を疲れさせ、不安にさせる。その一方で、人との繋がりを煩わしいと感じることもある。人間は実に身勝手な生きものだ。

人間やニホンザルの生活を見てもわかるように、サルは普通、群れをつくって生活している。それは、寂しいからという理由だけではない。その方が、外敵から身を守りやすいし、万が一襲われたら、一緒になって戦うこともできる。

オスとメスが出会うのも簡単だし、三人寄れば文殊の知恵のたとえがあるように、自分だけで解決できない問題も、集団なら解決できる可能性が高くなる。群れることは、生きる上でのメリットが大きいのだ。

しかし、僕たちに近い親戚の中に、一生のほとんどを、他の個体と交わらず孤独に過ごす生きものがいる。東南アジアのジャングルで暮らす「森の人」オランウータンだ。なぜオランウータンは群れを作らないのか？　その秘密は、棲んでいる環境にあるようだ。

オランウータンが暮らしているのは、東南アジアにあるボルネオ島とスマトラ島。どちらも世界有数の大きな島で、ボルネオ島は世界で3番目、スマトラ島は6番目の大きさだ。

野生のオランウータンに会うのはかなり難しい。生息地の開発が進み、数が減っている上に、もともと深い森の高い木の上で単独で暮らしているため、発見しにくいのだ。

多くのオランウータンがじゃれ合っている姿を、テレビで見たことがあるかもしれないが、あれは開発により母親と離れ離れになった子どもが保護され、野生に返すためのリハビリテーションをしている施設である。自然界で、親子以外のオランウータンが一緒にいることはほとんどない。

最もよく出会うのは野生のゾウ

現在、野生のオランウータンが確実に見られる場所は、限られている。最もアクセスしやすいのがボルネオ島の北部、マレーシア領サバ州のダナムバレー保護区だろう。

アクセスしやすいといっても、サバ州の州都、コタキナバルから車で半日かけてラハダトゥという街まで行き1泊。そこからは、保護区内にある宿泊施設が用意してくれる4WDの車に乗り換えて、熱帯雨林の中の未舗装道路を4時間ほど走ってたどり着く秘境だ。

未舗装道路に入ると、森が深くなっていくに従っていろいろな生きものに出会う。1時間ほど走ったところで車が急に止まったので前を見ると、長い棒のようなものが落ちていた。よく見ると動いている。道幅いっぱいに伸びていたのは、体長4メートル以上あるキングコブラだった。

その毒は、ゾウをも殺すとされる世界最大の毒ヘビで、話には聞いたことがあったが、実物を見るのはもちろん初めて。沖縄で2メートルのハブを見た時にも相当驚いたが、迫力がその比ではない。こんなに大きなコブラがいる森で安全にロケができるのかと不安になったが、日頃の行いがいいからか、見かけたのはこの1度だけだった。

道で出会う生きもので最も多いのがゾウだ。森を切り開いて作られた道路はゾウにとっても歩きやすく、道の真ん中に糞がたくさん落ちている。

ゆくての道路にゾウが歩いているのが見えたら、群れが森に入ってくれるのを待つしかない。一見、大人しそうに見えるゾウだが、怒らせると相当怖い。大人になると3トンから5トンになるので、無理にどかそうとしてクラクションでも鳴らそうものなら、怒ったゾウに車ごとひっくり返されてしまうこともあるそうだ。とにかく、ゾウを興奮させないようにじっと待つしかない。

ゾウがよく出てくるのは、街から2時間ほど走った場所。昔、伐採(ばっさい)された二次林で多く見かける。ゾウは、太陽の光が届きやすい場所に生(は)える柔らかい植物が好きだからだ。

街を出てから3時間ほど経つと、いよいよダナムバレー保護区に入ってくる。道の周りの木は一気に高さを増し、日本ではまず見かけることのない、高さ70メートルにもなる巨木が立ち並んでいる。あまりの高さに縮尺の感覚がおかしくなり、まるで巨人の国に紛(まぎ)れ込んだかのような錯覚に陥(おちい)る。

ダナムバレー保護区は、1億年前から続くといわれる、世界最古の熱帯雨林の1つ。太古からほとんど人の手が入ったことのない、世界的にも珍しい本当の原生林なのだ。その巨木の森の真ん中に、目指す宿泊施設ボルネオ・レインフォレスト・ロッジがある。

予約が取れない高級ロッジ

保護区の名の由来ともなっているダナム川のほとりに建つロッジは、ダナムバレーの原生林を保護する目的で、サバ財団という非営利団体が運営している。レセプションやダイニングのあるメインの建物から宿泊する高床式のロッジまで木の回廊で繋がっていて、部屋数は20室ほどしかない。

イギリスのウィリアム王子とキャサリン妃も訪れたことがあるほどの高級ロッジで、１泊４００ドル以上するにもかかわらず、世界中から観光客が殺到するので、東京の高級寿司屋並みに予約が取れない。そのほとんどが、野生のオランウータンを見に来るのだ。

ただのお金持ちのための高級ロッジかというと、そうではない。ここの収益から、原生林保護のための費用を賄(まかな)うとともに、オランウータンをはじめ、熱帯雨林の動物を研究するための施設も併設されている。

もちろんできる限り環境に配慮して運営されており、最低限の電気はあるが、テレビもクーラーもない。しかし、それに文句を言う人は、そもそもこんな辺鄙(へんぴ)な場所までこない。

朝は鳥やサルの声とともに起き、夜は虫やフクロウの声をＢＧＭに食事をする。

熱帯雨林は蒸し暑い印象があるかもしれないが、それは昼間の話。森は熱を吸収しないため夜になると気温が下がり、クーラーがなくても心地よく過ごせる。

赤道直下にあるボルネオ島では、一年を通じて、太陽は朝6時に昇り、夕方6時に沈む。

朝食を食べにレストランに行く途中、木でできた回廊の手すりを、小さくて茶色い生きものが走り回っていることがある。恐ろしく動きが素早く、すぐに手すりの裏に隠れてしまうので、初めはなんだかわからなかったが、どうやらリスのようだ。尻尾まで入れても

10センチほどしかない世界最小のリス、ボルネオコビトリスだ。体に対して頭と目の比率が大きく、ちょっと離れ目気味なため、非常に愛嬌（あいきょう）がある顔をしている。しかし、ちょこまか動くので、撮影にはまったく向いていない。

レストランからは、ダナム川が見え、対岸には、高さ70メートルの巨木がそびえている。運が良ければ、縄張りを主張する大きな声を上げながら、その上を飛ぶように移動するテナガザルを見ることもできる。

無線で情報交換するガイド

森では、ゲスト1組に対して必ず1人のガイドがつく。決まった順路はあるが、森の中の道はわかりにくく、迷ってしまうと帰れなくなる危険があるし、道から離れて勝手な行動をしないための対策でもある。

ボルネオ島には、トラなど人間を襲うような肉食獣はいないが、ゾウはやはり危険な存在だ。僕たちも1度だけ、森の中でゾウに出くわしたが、ガイドの冷静な判断でうまくかわしながら車まで戻ることができた。ガイドは全員無線を持っていて、常に連絡を取り合い、どこでどんな生きものを見たかなどの情報を交換しあっている。この森でオランウータンを見るためには彼らの協力が欠かせない。

僕たちが一番お世話になったのは、京都大学がダナムバレーに持つ研究施設でアシスタントを務めているピオさんで、小さな体でパワフルなところが、どこかナインティナインの岡村隆史さんに似ている。

オランウータンの詳しい生態を教えてもらったのは、ダナムバレーで10年以上研究を続けている国立科学博物館の久世濃子(のうこ)博士と京都大学の金森朝子博士だ。ここでお話しするオランウータンについての科学的知見は、ほとんどが両博士から教えてもらったものだ。

最も厄介(やっかい)なヒル

森に入るときには、できるだけ皮膚(ひふ)を隠せるように、長袖、長ズボンを着ていく。森の下生えには棘(とげ)のある植物が多く、皮膚を出していると直ぐに切ってしまうからだ。

足元は、晴れればトレッキングシューズ。雨が降ると粘土(ねんど)質の地面がドロドロになって滑るので、長靴が必需品となる。

東南アジアの森で最も厄介なのは、ヒルが多いこと。普通の靴下の上にもう一枚、袋状の布をはいて、ふくらはぎの上を紐(ひも)で縛(しば)る、ヒル除(よ)けの靴下も欠かせない。

湿気の多い森の下生えに生息するヒルは吸盤を体の両端に持っていて、尺取り虫のようにして移動する。食べ物はもちろん、動物の血。獣道(けものみち)の葉の上で、食らいつく獲物が来るのをひたすら待っている。

地面の振動などで獲物の気配を察すると、一直線に体を伸ばし、吸盤で取り付く準備をする。そして、獲物が触った瞬間、吸い付くのだ。

人間に取り付いたヒルは、服の上を動きながら、嚙み付ける場所を探す。ズボンの裾（すそ）を普通の靴下の中にたくしこむぐらいでは、潜（もぐ）り込まれて血を吸われてしまう。

ヒルは嚙み付くときに、麻酔薬と血液を固まらなくする成分をだすので、嚙まれてもまったく気がつかない。宿に帰って靴を脱ぐと、靴下が血まみれになっているので、ようやく気がついてかなり落ち込む。

ヒルに食いつかれたことに気がつくと、真っ赤に染まった血をみてパニックになり、すぐに取りたくなる。しかし、無理やり引き離すと、皮膚に食い込んだアゴが残ってしまい、化膿（かのう）するので厄介だ。

そこで役に立つのが、日本製の肩こり治療薬だ。メントールの成分が入っているから、僕たちは肌に塗るとスッとして気持ちがいいが、ヒルは非常に嫌がるため、自分から離れてくれるのだ。

昔はタバコの火を近づけていたが、僕はタバコを吸わないので、この対処法を知ってからは、肩こり治療薬をポケットに入れておき、いつでも使えて重宝（ちょうほう）した。

ヒルに悩まされながら高温多湿の熱帯雨林を歩き回っても、やはり野生のオランウータンに出会うのは難しい。１週間探して１度も見られないこともあるぐらいだ。

オランウータンは、１日に移動する距離が５００メートルほどと、あまり活発に動かない。しかも、単独で生活していて高い木の上にいることが多いため、木から木への移動もゆっくり。声もほとんど出さないために気配も少なく、非常に見つけにくいのだ。

運よく見つけたとしても、高さ数十メートルの木の上なので、その姿をはっきりと見ることは難しい。見上げてもオランウータン独特のオレンジ色の毛が少し見えるだけ。そんな日が何日も続くこともあった。

高い木の上のオランウータンを観察するには、ほぼ真上をずっと見上げることになる。普段の生活でそんなに上ばかり見ることはないので、これはかなり辛い。初めの１週間ほどは首が痛いが、そのうちに慣れてくるから、人間の適応力も捨てたもんじゃない。

オランウータンは食事が終わると、１ヶ所で何時間もじっと休憩することも多く、移動するまで木の下で待たなければならない。

地面にはヒルの他にもアリや危険な虫なども多く、何よりいつも雨で濡れているので、直接座ることは避けたい。なので待ち時間を快適に過ごすためには、釣りなどで使う小さな折り畳みのイスが欠かせない。本当に長い時間待つときには、木と木の間にハンモックを張って寝ることもあるそうだ。

樹上生活に特化

僕たちがこの森で初めて出会ったオランウータンは、シーナと名付けられた18歳のメスと、その娘で3歳のダナムの母子だった。

ダナムバレーでは、京都大学を中心とした研究チームが60匹の個体を識別して、それぞれに名前をつけている。オランウータンのメスは、およそ15歳で初めて子どもを持つので、おそらくダナムは、シーナにとって最初の子どもだという。

オランウータンの子どもは目が大きく、頭の毛もまだ生えそろっておらず顔が白いため、人間の赤ちゃんとよく似ていて本当に可愛い。僕はあまり、生きものを可愛いとは思わないのだが、これは相当に可愛い。

初めての赤ちゃんだからなのか、シーナは慎重で、あまり遠くまで移動することがなかった。僕たちは、追跡がしやすいこの母子を中心に、撮影することにした。

オランウータンを追いかけていてまず感じたのは、木の上での動きが、他のサルとはまったく異なるということだ。

ダナムバレーには、ニホンザルに近いブタオザルや小型類人猿のテナガザルが棲んでいる。ブタオザルは枝の上を歩き、枝から枝に跳び移りながら移動し、木と木の間が開いている場所では地上に降りてくる。テナガザルは、長い腕を使って振り子運動のように反動をつける枝渡り（ブラキエーション）で、木の高いところを高速で移動する。木と木の間が開いていると、勢いを付けて、時には20メートルほどジャンプしていく。

それに比べてオランウータンの移動は、実にゆっくりで慎重だ。オランウータンは、大型類人猿の中で最も樹上生活に特化していて、体の作りも高度に適応している。腕の長さは脚の倍近くあり、遠くの枝をつかむのに適している。握力は３００キロ以上あると言われ、片腕でその巨体を楽々と支えることができる。

しかし、彼らが木に片腕でぶら下がることは滅多にない。それは、つかんでいる枝が折れると地面に落ち、命に関わることもあるからだ。常に手か足で２ヶ所以上をつかみながら移動する。

オランウータンは、足の親指が他の指と大きく離れていて、枝をつかみやすい構造をしていて、足だけでも自分の体重を支えることができる。そして脚の動かし方がほかのサルとはまったく違うのだ。

オランウータンには、骨盤と大腿骨を繋ぐ股関節に靭帯がないため、脚を大きく広げ自由自在に動かしながら、まるでクモのようにスムーズに枝をつかんで木の上を移動していく。

しかし、地面に降りると重たい体を脚で支えることができず、ゆっくりとしか歩くことができない。樹上生活に適応するあまり、地面で歩くことをほとんど放棄しているのだ。木と木の間が開いている場所では、細めの木に大きな体を生かして体重をかけ、行きたい方向にしならせて移っていく。

食べ物はほぼ完全な植物食で、果物、葉っぱ、花、木の皮など、すべてを木の上で賄っている。寝るのも木の上で、周りの枝を内側に折り込んで毎日新しいベッドを作る。つまり基本的な生活は、何から何まで木の上だけでこと足りるのだ。

地球上には、木の上だけで生活している生きものがたくさんいるが、オスの体重が90キロにもなるオランウータンは、最大の樹上生活者なのだ。

子育ての成功率は驚異の94パーセント

オランウータンは、野生動物の中で子育てに最も時間をかける。1度に産む子どもの数は1匹だけで、独り立ちするのに7年から8年を要するため、実に慎重に育てていく。

その甲斐あって、生まれた赤ちゃんが大人になる確率は94パーセントとされる。これは、野生動物としては驚異的な数字で、最先端の医療システムが整った先進国なみの高さなのだ。

野生動物が大人になれる確率は高くても50パーセントほど。オランウータンは、並外れて子育てが上手い。母親は常に、子どもと一対一。目を離すことはほとんどない。単独生活のため、仲間から伝染病をもらうこともなく、仲間同士の争いに巻き込まれることもほとんどない。常に高い木の上で生活するため、天敵となる生きものもほとんどいない。オランウータン特有の単独生活が、子育てに有利に働いているのだ。

それにしても、なぜ子育てに7年もの時間がかかるのか？　それは、熱帯雨林での生活と関係があると見られている。久世博士と金森博士の研究によると、ボルネオ島の熱帯雨林は、オランウータンにとって食べ物が少ないからだという。

人間によって伐採されていない熱帯の原生林なのに、食べ物が少ないのは実に意外に聞こえるが、オランウータンが食べているものを見ると、納得せざるを得ない。

熱帯雨林というと、一年中果物が豊富で、手を伸ばせばバナナが食べられる、というイメージを持つ人が多い。実は僕もそうだった。しかし、ダナムバレーでオランウータンを観察していると、果物は滅多に食べることができないご馳走（ちそう）だとわかる。

僕たちが観察していた時期は特に果物が少なく、食べ物のほとんどは木の葉。シーナとダナムの親子は、スパトロブスというマメ科の若い葉を好んで食べていた。シーナがそれを食べていると、ダナムが横から手を出して葉を取って食べてみる。こうしたことを繰り返しながら、オランウータンの子どもは少しずつ、森の中で何が食べられるのかを覚えていくのだ。

僕も試しに食べてみたが、柔らかく味はレタスのようで美味しい。しかし、あの巨体をレタスだけでは支えきれないだろう。次に多く食べていたのは、なんと木の皮。いきなり木の幹にかじりつき、樹皮を剝(は)がすと、その内側にある「形成層」と呼ばれる部分を食べる。

オランウータンの顔を横から見ればわかるが、歯がかなり前に出ていて、木の皮をかじり取ったり、内側をこそぎ取ったりするのに、適した形をしている。「形成層」には、根から水を上部に送り、光合成により葉で作られたブドウ糖などを根に送る器官があるので、外皮よりは柔らかく多少の栄養はあるだろうが、これも巨体を支える食べ物としては心もとない。

しかも、説明するまでもないだろうが、実に不味(まず)い。シーナが落とした木の皮をちょっとだけ口に含んではみたものの、渋くてとても食べられたものではない。シーナも口の中でしがみ、端から泡を出しながら食べている。皮に含まれるアクを出しているのだ。

オランウータンは、なぜそんなものを食べなければならないのか？　それはボルネオ島の土壌に栄養が乏しく森に果実や木の実が少ないからだ。

ボルネオ島には火山がない。そのため土壌にミネラル分が少なく、木は毎年実をつけることができない。オランウータンが単独生活をするのも、食べ物が少なく、群れで暮らすことができないからだという。

その証拠に、隣のスマトラ島には火山があり、ボルネオ島に比べると木の実が豊富で、そこに生息するオランウータンは木の皮をほとんど食べず、小さな群れを作って暮らしているという。ボルネオ島のオランウータンは、何も好き好んで単独生活をしているわけではなさそうだ。

しかし、木の葉と木の皮だけで、世界最大の樹上生物が暮らしていけるわけがない。食べ物に乏しいボルネオの森で、オランウータンを支えている秘密の食べ物がある。それがイチジクだ。

イチジクといえば、日本でも秋になると果物屋さんに並ぶ、大きくて柔らかい甘い果物を思い浮かべるかもしれない。しかし、熱帯雨林のものは、それとはかなり違う。森の中には様々な種類のイチジクがあるが、オランウータンが食べているのは、3センチほどの実をつけるものが多い。

イチジクは季節に関係なく、一年中実をつける。だからこそオランウータンは、栄養の乏しい森を生き抜くことができるのだ。

さっきまで木の実は数年に一度しか生らないと言っていたのに、矛盾していると思われた人もいるだろう。ここにイチジクという植物の独特の戦略があるのだ。

イチジクとコバチの1億年の関係

一般にイチジクの実と思われているものは、実ではなく花だ。イチジクを漢字では「無花果」と書くのは、花をつけなくても実がつくように見えるから。

イチジクのあの実のようなものを半分に切ってみると、中には小さな粒々がたくさん詰まっている。この一つ一つがイチジクの花で、実と思っているものは花が集まった「花嚢(かのう)」なのだ。

しかし、話がややこしくなるので、ここではイチジクの花嚢のことを、実と呼ぶことをお許しいただきたい。

イチジクは、花を外に付けない。だから、ミツバチもチョウも鳥も花粉を媒介(ばいかい)できないし、風が運んでくれるわけでもない。その代わりに受粉を担(にな)うのが、体長わずか数ミリのイチジクコバチだ。

イチジクの実のお尻の部分には、中に通じる穴があいている。イチジクコバチは、小さな体でこの穴を通って中に入り、花まで到達する。しかし、穴の入り口はウロコ状の葉で幾重にも覆われていて、簡単に入ることはできない。ある種類のイチジクの中に入れるのは、特定の種類のコバチだけ。穴の入り口とコバチの頭の形が、鍵と鍵穴のような関係になっていて、他のコバチは入れないようになっている。

なぜ、こんなややこしい仕組みになっているのかといえば、森にはたくさんの種類のイチジクがあり、様々な種類のコバチが中に入ると他のイチジクの花粉が混ざって、受粉の効率が悪くなるからだ。つまり、自分の花粉を確実に、同じ種類のイチジクの花に届けてもらうための戦略なのだ。

しかし、イチジクの実と鍵と鍵穴の関係にあるコバチでも、この穴から中に入るのは簡単ではない。あまりにも狭いため、頭で穴をこじ開けて中に入る時に、羽と触角は抜け落ちて、体液も絞り出されるのだ。

実の中に入ったコバチのメスは、自分が持ってきた花粉を受粉させた後で、やがて種になる一つ一つの花に卵を産みつけ、その一生を終える。

その卵が孵化すると、幼虫はイチジクの種を食べて成長する。そして、蛹になると先にオスが羽化する。羽化といっても、オスに羽は生えていない。オスはメスと交尾をした後、メスが実の外に出るための穴をあけ、その一生を終えるのだ。

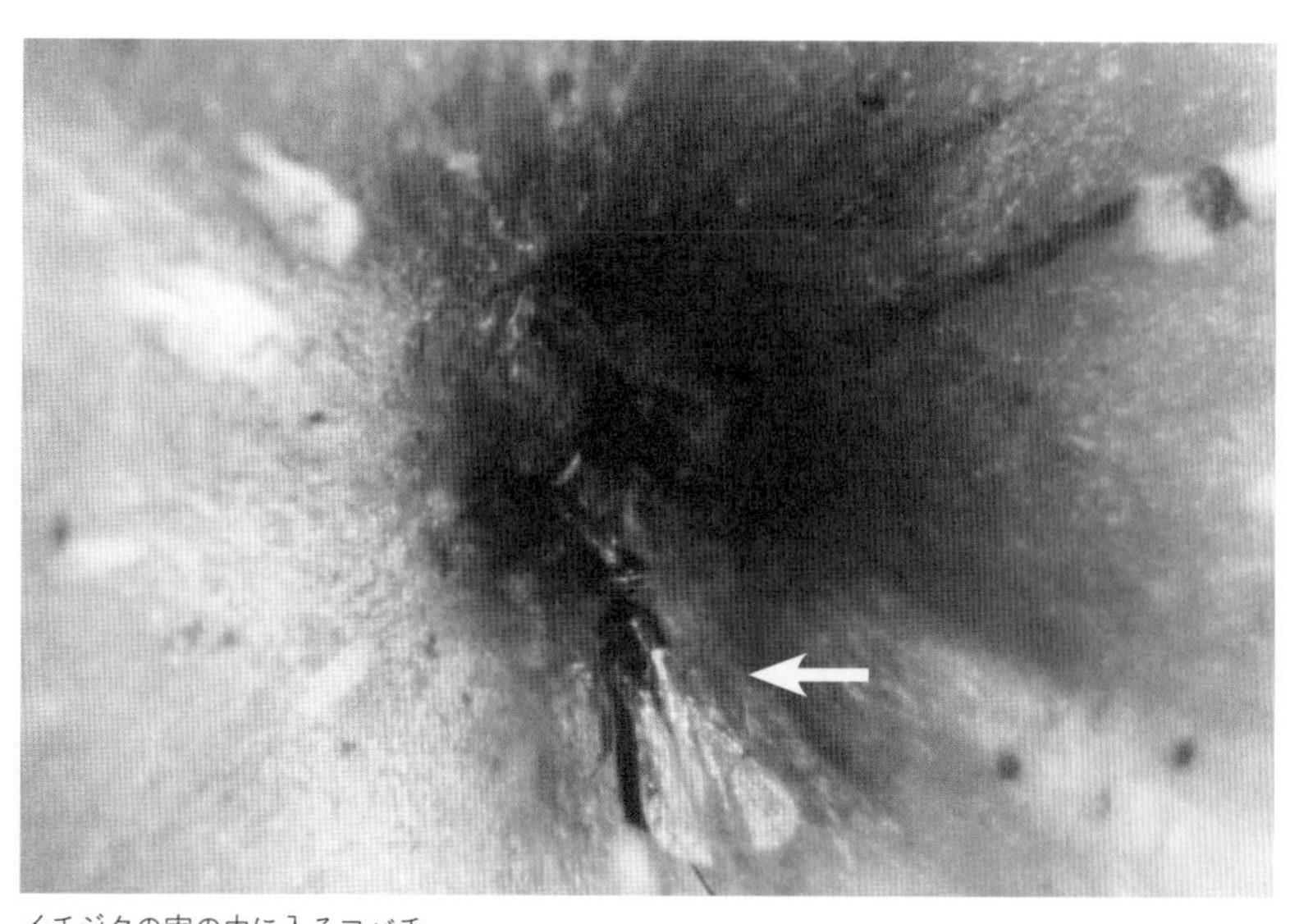

イチジクの実の中に入るコバチ

コバチが羽化する時にイチジクの実を見ていると、まず茶色いオスが実を食い破って外に出てくる。その穴から何十匹ものメスが這(は)い出してきて、次々と飛び立っていく。

飛び立ったメスの寿命は、長くても1日ほど。体長数ミリのコバチの飛翔能力を考えると、それほど離れていない森のどこかに、必ず同じ種類のイチジクの実がなければならない。イチジクは、コバチが羽化する時に実をつけていなければ、この関係が終わってしまうからだ。

現在、世界中にあるおよそ750種類のイチジクには、それぞれ固有のイチジクコバチがいて、この関係は遥(はる)か1億年前から続いているという。しかし、地面から森を見ても、イチジクの木がそれほど多くあるとは思えない。イチジクは本当に、一年中、森のどこかで実をつけられるほどたくさんあるのだろうか。実は、地上からいくら探しても見つからない秘密が、イチジク独特の成長方法に隠されている。

オランウータン以外にも、ボルネオの森で暮らす鳥や哺乳類の多くが、イチジクを食べている。その多くは樹上で生活しているので、糞も高い木の上でする。すると糞にまじったイチジクの種は木の上で発芽し、樹皮の割れ目などに根を張って成長しながら、「気根」と呼ばれる細い根を地面に向けて伸ばしていく。そして、気根は地面に着くと、そこから栄養を吸収し大きく成長していく。

つまりイチジクは、地面で発芽する植物が太陽の光を浴びることができない成長の初期の段階から、木のてっぺん付近で光を浴びながら大きくなり、地面からは見えないまま実をつけているのだ。しかも、太い幹を作る必要がないので、そのエネルギーも実に回すことができる。イチジクが一年中、実をつけられる秘密がここにある。

僕たちが地面からは見つけられないイチジクの実を、樹上で暮らす生きものたちは見つけることができる。その、一年中絶えることのない天空の果実畑があるからこそ、オランウータンは、栄養に乏しいボルネオの森をなんとか生き抜くことができるのだ。

つまり、体長数ミリのコバチが世界最大の樹上生活者、オランウータンの命を支えているのだ。

エネルギーの収支を考えながら行動

オランウータンは、季節によって森の中のどこに、どんな食べ物があるのかを、正確に把握(はあく)しており、他の生きものたちの動きを観察して、今どこで木の実が生(な)っているのかを、読み取っているという。そして、食べ物を得るための移動にかかるエネルギーと、移動先で得られるエネルギーの収支を、考えて行動していると見られている。

食べ物の少ない森で暮らすオランウータンにとって、無駄にエネルギーを消費することは命に関わる。オランウータンが7年間もの長い子育て期間を必要とするのは、子どもが独り立ちする前に、森の中にある数百種類の植物がどこにあり、いつの時期にどのように利用して生きていくのかを、覚えなければならないからだと考えられている。

群れを作らないオランウータンの子どもは、母親から独り立ちすると、たった1匹で生きていかなければならない。その方法を教えてもらえるのは、母親からだけ。だから常に一緒に行動し、子どもは母親が何を食べているのかをつぶさに観察して育っていくのだ。

「フランジオス」は必ず戦わなければならない

オランウータンはオスの生活も、ほかの類人猿とはかなり違っている。オスには、大きくなると頬に「フランジ」という出っ張りが出てくる者と出ない者がいる。同性に2つの形があるのだ。

出っ張りのあるオスは「フランジオス」と呼ばれ、俺はこの地域で一番強いんだぞ、と宣言をしているのに等しいという。面白いのは、フランジオスになるかどうかは、本人の気持ち次第だということだ。つまり、自分がこの地域で一番強いと思ったらフランジが発達してくるし、まだ自信がなければ発達しない。

生きもの界の常識として、強いオスの方がモテるのだから、オスはみんなフランジになった方が良いというのは浅はかな考えだ。自分が強いと宣言することは、強いと宣言したほかのオスと出会ったら、必ず戦わなければならないことを意味する。フランジオスは、出っ張りのないものは無視するが、同じフランジオスには容赦しない。しかも、フランジは一度出してしまうと引っ込みがつかない。後戻りはできないのだ。

明らかに自分よりも強そうなオスと出会ってしまっても、顔に「オラオラ、やんのか」と出てしまっているのだから、「いやいや、喧嘩するつもりなんてないんです」というわけにはいかない。

フランジオス同士が出会うと凄まじい戦いになるという。実際に戦っている姿は確認できなかったが、僕たちが見たフランジオスはすべて、顔に大きな傷があったり、骨折して指が曲がらなかったりしていて、争いの激しさを物語っていた。

僕たちが観察していた当時、レインフォレスト・ロッジ周辺で最も強いフランジオスは、26歳の「ゴテン」と名付けられた個体だった。漫画「ドラゴンボール」のキャラクターが名前の由来だ。ドラゴンボールはマレーシアでも大人気なのだ。

普段はまったく声を出さないオランウータンだが、フランジオスだけは「ロングコール」という鳴き声を上げる。少しくぐもった声を喉袋に響かせ、森中に響き渡らせるのだ。

2キロ四方に鳴り響くロングコールは、フランジオスが「自分はここにいるぞ」という宣言。別のフランジオスが近くにいれば戦いに発展するし、発情しているメスがいれば、この声に惹かれ近づいてくる。子育て中のメスは、子どもの安全を確保するため遠ざかる。ロングコールは、オランウータン同士の、数少ないコミュニケーションツールとなっている。

原生林のてっぺんに登ってみた

体の大きなフランジオスは行動範囲も広く、高い木にもどんどん登り、時には高さ70メートルもある木のてっぺん付近にいることもある。とくに食べ物があるわけでもない高い木の上で、いったい何をしているのだろうか。そして、そこにはどんな風景が広がっているのだろうか。僕たちもオランウータンが見ている光景を体験するために、木に登ってみることにした。

しかし、この森の木に登るのは簡単ではない。1億年も続くボルネオの原生林は、植物学用語で「極相林（クライマックス）」という安定した森。そんな原生林では木が密集しているため、てっぺん以外にはほとんど陽が当たらない。つまり、てっぺん以外は葉を茂らせても無駄なので、木は途中の枝を自分で落としながら成長していく。そのため、地面近くには、登る足がかりとなる枝がないのだ。

そんな巨木に登るときは、まず、1メートルほどある巨大パチンコで、釣り糸を付けた重りを数十メートルの高さにある枝に打ち上げて、引っかけるのだ。一番下の枝だと、万が一折れた時に落ちてしまうので、下から2番目か3番目を狙う。これがかなり難しく、なかなか思い通りの枝に引っかからない。

悪戦苦闘すること数時間、ようやく狙い通りの枝に引っかかったら、釣り糸の端にクライミング用のザイルを縛って枝に行ってこいさせて、別の木の根元に固定する。このザイルを使ってツリークライミングで登っていく。

林冠から見る森の風景は、下からとは全く違っていた。遠くまで見渡せるため、どの木で花が咲いているのか、どの木で実が生っているのか、などが一目瞭然(りょうぜん)だ。フランジオスはここで、あの木の実はもう少しで食べ頃だとか、他のオランウータンはどんな行動をしているのか、などを観察しているのかもしれない。

メスからの投げキス?

ヒルに悩まされ、暑さと雨に体力を奪われながらも、毎日オランウータンを追跡したが、時には諦めなければならないこともある。あまりしつこく追いかけると、嫌がられるのだ。母子を追いかけていると、母親が僕たちに向かって口を尖(とが)らせて、投げキスのような音を出すことがある。僕に気があるのかなと思ったらまったく逆で、どうやら怒っているらしい。これ以上は深追いしない方がいいという合図だ。しつこく追いかけると、翌日には遠くに行かれて見失ってしまう確率も高くなるため、すごすご引き上げるしかない。

オランウータンは頭がいい。機嫌がいいと、僕たちによく行動を見せてくれるが、嫌だなと思うと50メートル以上の高さで昼寝をして、一日中姿を見せなくなる。移動には、わざと人間が追いかけにくいルートを通る。

彼らは、木から木へと移動していくのでほぼ平行移動だが、地面ではそうはいかない。下生えの多いルートを通られると森の地面ではかきわけて進むのが大変になるし、急斜面を行かれると、登れずに諦めざるを得ない。

フランジオスをあまりしつこく追いかけて機嫌を損ねると、本来は得意としない、地上に降りる荒技にでる。地面を歩いて、こちらに向かってくるのだ。

オランウータンやチンパンジー、ゴリラなどの大型類人猿は、間近で見ると筋骨隆々として、犬歯も大きく発達しているので、猛獣にしか見えない。体重90キロ、握力は300キロの大きなオスに腕を捕まれただけでも大怪我をする。幸いオランウータンは2足歩行が苦手で、しかも手の方が長いから邪魔になるのか、地面では速くは動けない。しかし、かなりの威圧感があるので、機材を抱えてこちらが一目散に逃げるしかない。

森いちばんの果実(ごちそう)

栄養が少ないボルネオ島の熱帯雨林に生える木は、数年に1度しか実をつけない。そんな森で、オランウータンにとって待ちに待ったことが起こった。森でいちばんのご馳走、ドリアンの巨木にたくさんの実が生ったのだ。

僕たちはドリアンの実が小さい頃から、定期的に観察を続けた。これだけ果物が少ない森の中では、熟す前に食べにくる食いしん坊がいるに違いないと考えたからだ。

しかし、その予想は見事に外れた。ドリアンの実がハンドボールほどの大きさになって熟すまで、誰一人やって来なかったのだ。栄養に乏しいにもかかわらず、自分勝手な行動をしない、暗黙のルールでもあるのだろうか。

実が熟してから初めにやって来たのは、やはりフランジオスだった。全体が棘に覆われたドリアンの実は非常に硬く、人間が手で割ろうとしてもびくともしない。ナタで割らないと食べられないが、オスはドリアンの実を、いとも簡単に手で割って食べはじめた。ボルネオの森でドリアンを普通に食べられるのは、力が強いオランウータンだけなのだ。

野生のドリアンの実は、栽培種特有の匂いがほとんどなく、甘くてねっとりとした果肉は人間が食べても本当に美味しい。数年に1度しか食べることのできないドリアンは、オランウータンにとっては、一生に何度食べられるかわからない貴重な食べ物。オスが独占しようと思えば、いつまでも居座り続ければいい。

しかし、オスは1時間ほど食べ、お腹がいっぱいになると去っていった。それを待っていたかのように、シーナとダナムの親子がやって来た。きっとどこかで、フランジオスが去るのを待っていたのだろう。

いつものようにシーナが食べる姿を横から覗き込むダナム。そして、シーナが食べている実に横から手を出して、おすそ分けしてもらった。初めて食べるドリアンの味。一生忘れることのない記憶として、ダナムの頭に刻まれたに違いない。

13

スリランカのゾウ

「森の民」に崇（あが）められる聖獣

祭で「仏歯」を乗せたゾウ

世界初の動物保護区は？

世界で初めて、動物を守るための保護区をもうけた国がどこかご存知だろうか？

世界初の国立公園を制定した環境保護の先進国、アメリカ？

生きとし生けるものに魂が宿ると信じていた日本？

野生動物の王国、ケニア？　タンザニア？

残念ながらどれも違う。答えはインドのすぐ右下、インド洋に浮かぶ涙の形をした島国、スリランカだ。かつてセイロンと呼ばれていたスリランカは、現地の言葉シンハラ語で「光り輝く島」を意味する。保護区ができたのは、今から２２００年以上前のことといわれる。

紀元前２４７年６月の満月の日、インドのアショカ王の命を受けた息子のマヒンダ王子が、スリランカに仏教の教えを説くため、島北部のミヒンタレーにやってきた。そこで、4万人の兵士とともに鹿狩りに来ていた、スリランカを支配するシンハラ王朝のデヴァーナンピヤ・ティッサ王と出会った。

マヒンダ王子はティッサ王に、仏教の教えを授けるとともに、生きものの殺生を止めるように諭し、高さ100メートルほどの岩山「インビテーション・ロック」の上から見渡せる範囲の、すべての生きものの殺生を禁じたと伝えられている。日本は弥生時代中期、ヨーロッパではアレキサンダー大王の支配が終わり、都市国家ローマがようやく勢力を広めようとしはじめていた頃の話だ。

そのミヒンタレーの近くに、シンハラ王朝最古の都、アヌラーダプラがある。街のシンボルとなっているのは、紀元前2世紀に建てられた、高さ55メートルもある仏塔、ルワンウェリセーヤ大塔だ。お釈迦様の骨「仏舎利」が収められているとされる塔を守るように、外壁の四方をゾウのレリーフが囲んでいる。その数、なんと338頭。2・5メートルほどもあるリアルなゾウの彫像が、隙間なく正面を向いて並んでいる様子は圧巻だ。

この大塔の敷地内に、アヌラーダプラの周辺地域に仏教が伝来した時に、生きものの殺生を禁じる世界で初めての自然保護区が作られた、と記された石碑が残されている。その保護区がいつまであったのかは定かではないが、以来、スリランカの人々は、生きものとともに生きてきた。

仏教にも深く帰依し、国民の7割以上が仏教徒である。現在、26ヶ所の国立公園と100を超える自然保護区があるスリランカは、世界有数の動物保護先進国といえる。

ヒョウやナマケグマをはじめ、80種類以上の哺乳類が生息しているが、中でも多いのがアジアゾウの亜種、セイロンゾウだ。北海道よりひと回り小さな島に、およそ5000頭が生息している。

ゾウは聖獣

仏塔を囲むように守っていることでもわかる通り、ゾウは仏教では神聖な生きものと考えられている。お釈迦様が生まれるときに、母である摩耶夫人は、自分のお腹の中に白いゾウが入る夢を見たと伝えられているし、普賢菩薩が乗る聖獣としても崇められてきた。

そんなスリランカでは、人間とゾウの距離が驚くほど近いことを、まざまざと感じる出来事があった。僕たちが街から街へ移動するために車で幹線道路を走っていると、300メートルほど先で、森から3頭の野生のゾウが出てきたのだ。

野生のゾウは危険だと知っていたので、僕たちの車は当然止まった。しかし、前を走っていた三輪バイクのタクシーは、そのままゾウに近づいていく。スピードを上げて通り過ぎるのかと思ったら、ゾウのすぐ近くに停車したのだ。2車線ある道なので、ゾウに遮られ止まらざるを得なかったのではない。運転手が自らの意思で、ゾウの横に止まったのだ。いったい何をしているのかと、僕たちの車の中は騒然となった。そして次の瞬間、バイクに乗っていた人々の行動に、僕たちは唖然とした。三輪バイクの中から手が伸びて、ゾウに大きなバナナの房を与えたのだ。ゾウは受けとったバナナを、三輪バイクの横で、美味しそうにムシャムシャと食べ始めた。三輪バイクには、ドアや窓はついていない。野生のゾウが何の隔たりもなく、目の前にいる状態なのだ。

僕たちはその光景を横目に見ながら車で通り過ぎたが、お年寄りがゾウに向かって手を合わせているのが見えた。彼らは、たまたま道で出くわした野生のゾウに、供物として持っていたバナナを与えたのだ。

国民の大半が仏教に深く帰依しているスリランカならではの光景ともいえるが、相手は野生のゾウ。サルやシカとはわけが違う。日本でたとえるなら、北海道で道に出てきたヒグマに、車のドアを開けっ放しの状態でサケを与えるような感じだろうか？　スリランカには、僕たちの常識では考えられないような、人間とゾウの深い関係があるのだ。

スリランカでは、人間とゾウが道を一緒に歩いているのをよく見かける。これは野生ではなく、木材や重い荷物を運ぶために人間が利用している使役ゾウだ。重機などがなかった頃から、スリランカの人々にとってゾウは、生活を助けてくれる良き相棒だ。

ゾウ使いは、実にゾウを大切にする。一日の仕事が終わると一緒に川に入り、横たわったゾウの全身を、ヤシの実を半分に割ったもので隈なく洗ってやるのだ。

巨大な体を洗うのは、人間にとってはかなりの重労働だが、たわしのようなヤシの繊維が気持ちいいのか、ゾウの目はトロンとしている。ゾウにとっては至福の時間なのだ。人間と使役ゾウの間には、お互いの出来ないことを相手にしてあげる、信頼関係が成り立っているのだ。

スリランカでは、２０００年以上前から野生のゾウを捕らえて訓練し、使役して来たという。ゾウが最も大きな役割を果たしたのは、土木工事だ。３３８頭のゾウのレリーフが守っているルワンウェリセーヤ大塔の地固めも、ゾウを使って踏み固めたとされる。中でも活躍したのが、灌漑用の貯水池をつくる大工事だ。

スリランカは、国土の南に山はあるが、全体的には平地が多く、雨が降りにくい地形になっている。インド洋地域特有の季節風、モンスーンが決まった方向から吹くスリランカでは、11月から3月までの北東の風が吹く時期をマハ期、5月から9月の南西の風が吹く時期をヤラ期と呼ぶ。

海からの風がぶつかる南西側4分の1は一年中、湿潤な地域が広がっているが、北東側

4分の3は平坦で風が通り抜けてしまうため、まとまった雨が降りにくい。特にヤラ期には、南側の山にぶつかって雨が降った後の乾燥した風が吹き付けるため、ほとんど雨が降らないのだ。

そんなスリランカの乾燥地帯では、水は貴重品。「天から降った雨は、一滴たりとも農業に役立てることなく海に流してはならない」という王様の言葉があるぐらいだ。

エレファント・ギャザリング

スリランカの主食は、お米。国民1人当たりの米の消費量は、1年で150キロと世界有数。日本は50キロなので、その3倍に当たる。米を作るためには、水が欠かせない。スリランカを治めてきた歴代の王様にとっては、主食の米を安定的に作ることが、王朝の求心力となった。そのため、国土全体に灌漑用の貯水池が作られ、その工事に使役ゾウが使われていたのだ。

そして、作られた貯水池の周りには、雨水を受け止めるために森を残し、その木は切ってはならないとされてきた。歴史的にスリランカで自然が大切にされて来たのは、宗教的な理由だけではなく水源保護のためでもある。

現在、北部乾燥地帯の中心地であるアヌラーダプラ周辺には、2000ヶ所以上の貯水池がある。古代シンハラ王朝の文明は、平野が多く、水さえあれば米が作りやすい島の北東部で繁栄していった。その原動力となったのが、使役ゾウを使って王が作った貯水池なのだ。

しかし、シンハラ王朝の都は、時代とともにどんどんと南下していく。地理的にインドに近い北部には、大陸からのタミール人による侵略が、度重なって起きたからだ。また、雨が降らない年が何年か続き、貯水池があっても米が作れなくなったこともある。

そうした様々な事情が重なり、シンハラ王朝の人々は、南へ南へと移り住むことを余儀なくされたとされる。そして都が移った後、人が居なくなった場所には森が広がり、貯水池はその中に飲み込まれていった。スリランカの古代都市の多くは、19世紀になって西洋人に再発見されるまで、ジャングルに埋もれた都となったのだ。

その見捨てられた貯水池の周りに森が広がり、野生動物の楽園となった典型的な場所がある。アヌラーダプラから南東40キロにある、ミンネリア国立公園だ。

ここでは乾季の8月、森の乾燥が進むと、中央にある大きな池に公園中のゾウが集まる「エレファント・ギャザリング」と呼ばれる現象が起きる。僕が見た時には100頭ほどだったが、時には300頭以上集まることもあるという。

実はこの池、元々は紀元3世紀に作られた貯水池である。高さ2メートル、長さ1・6

キロという壮大な堤防を築き、川の流れを堰き止め作られたとされている。かつて、ゾウの力によって作られた貯水池が、今は数百頭のゾウをはじめ様々な野生動物を乾燥から守る、憩いの場になっているのだ。

人間との相次ぐトラブル

スリランカのゾウは、小さな島の中で人とともに生きてきた。しかし、そのゾウにとっての楽園ともいえるスリランカでも、近年、人間とゾウのトラブルが相次いでいる。ゾウの生活は、太古から変わっていない。トラブルが起きているのは、人間の生活が変わってきたからだ。特に問題となっているのは、ゾウが森から村に出て来て田畑を荒らし、収穫して貯蔵していた米まで食べてしまうことだ。

僕が初めてスリランカでゾウの取材をしたのは、1997年のこと。島のほぼ中央にあるワスガムア国立公園に棲むゾウが公園の外に出て、村を襲う事件が多発している現場の撮影だった。

公園保護官のジャヤ・ラトナさんは40代、筋骨隆々の非常にエネルギッシュな人で、仕事に誇りを持ち、熱心に活動していた。農村の出身で、小さな頃から生きものが大好きで、その勉強がしたいと苦学して、上の学校まで行かせてもらったそうだ。

見るからに誠実な人で、頑張ればできないことはない「ハードワーク、ハードワーク」が彼の口癖だった。ジャヤ・ラトナとは「勝利の宝石」という意味だと誇らしげに教えてくれた。

彼の本来の仕事は、公園内に入ってくる密猟者の取り締まりや施設の管理、そして野生動物の保護などだ。しかし、僕が取材に訪れた時の仕事のほとんどは、ゾウが村を襲った被害状況を村人から聞き取り、それをレポートにまとめ、政府に補償金を申請する手続きをすることだった。

ゾウに村が襲われたという訴えは毎日届く。訴えのあった順に村に出かけて行き、村人の話を聞きながら被害状況を検分して、帰ってから報告書にまとめて政府に提出するのだ。取材したのは、ちょうど米の収穫期だったが、稲穂が実る田んぼはゾウに踏み荒らされ、巨大な足跡で穴だらけになっていた。収穫したばかりの米を収めたレンガ造りの倉庫は壊され、米が地面に散乱していた。

村人は、身振り手振りで被害の様子を伝えながら、口々にゾウを公園の外に出さないように対策をしてくれと訴えてくる。ジャヤ・ラトナさんは、その一人一人の話に熱心に耳を傾け頷（うなず）いていた。

彼は、自分が守るべき大好きな生きものが村人の生活を脅（おびや）かしている現状に、心底悩んでいた。その表情は苦しそうだったが、村人には決して、我慢しろなどとは言わなかった。それは、彼が都市出身のエリート官僚ではなく、自らも子どもの頃に過ごした農村の暮らしが、どんなものかをよく知っていたからだろう。

ナイトパトロール

ジャヤ・ラトナさんは、毎日夜になると部下とともに車で出かけていく。どこに行くのか尋ねると、無邪気な笑顔で「可愛い女の子を探しに行くナイトパトロールだ」と言う。もちろん、彼一流の冗談で、車には大量のロケット花火が積んである。夜行性のゾウは夜になると活動が活発になり、公園の外に出ることが多くなる。それを花火を使って公園の中に戻すためのパトロールに行くのだ。

僕たちも何度か同行したが、公園と村との境界に沿って道があるわけではない。ゾウがどこから出てくるかはわからない中、それは、気の遠くなるような作業だった。

一緒にパトロールに出た部下は、昼間は寝ている。しかし、ジャヤ・ラトナさんは毎日村人の話を聞き、報告書を書かなければならない。にもかかわらず、夜の巡回を止めようとしない。いったい、いつ寝ていたのだろうか？

ジャヤ・ラトナさんは、ゾウが畑や村に出てくることは、自分が若い時にはこれほど多くはなかったという。その原因は、国の方針で農産物を増やすために開発が進み、公園と隣接する場所まで農地にしてしまったからだと考えていた。それまで、保護区と村の間にあった森は次々と切り開かれ、ゾウと人間の距離はどんどん近づいていたのだ。

１９７２年、イギリスからの独立を果たしたスリランカは、主要産業の農産物の増産に乗り出した。１９７０年代に１２００万人だった人口は、１９９５年には１８００万人に達していた。人口が増えるに従って食糧の増産を図り、農地は拡大していった。

現在、国土の40パーセントが農地となり、スリランカは米の自給率が１２０パーセントに達し、輸出国になっている。政府としては見事に目標を達成したが、そのしわ寄せが農村と野生動物に来ているのだ。

もちろん、スリランカ政府もゾウの被害をただ手をこまねいて見ているわけではない。ワスガムア国立公園では、農村に接した地域の境界に電気柵を作り、ゾウが外に出ないように対策を取っている。

しかし、頭の良いゾウは、電気が通っていない柱の部分を足で押し倒し、柵を壊して外に出てしまうのだ。最も被害が大きい公園の南だけでも、電気柵を修理してゾウが外に出ないようにしたいが、10キロにもおよぶ境界線の柵をすべて直すだけの予算がないし、またすぐに壊されてしまうので、有効な対策とはならないのだという。

「鏡像自己認知」ができるゾウ

ゾウはどれくらい頭が良いのだろうか。

まず記憶力については、人間の顔を覚えていて、自分を世話してくれる人間には挨拶したり甘えたりするが、いじめられた人には威嚇したり攻撃したりする。

また、ゾウは、鏡を見て自分の姿だと認識する「鏡像自己認知」ができる数少ない動物の一つ。哺乳類では、イルカとチンパンジーとゾウにしかできない。

さらに、食べ物を乗せた台にロープを通して、引っ張らせる実験がある。ロープの片方の端だけを引っ張ってもロープが抜けてしまい台は引き寄せられない。2頭で協力して、両端を同時に引っ張らなければならないのだ。

この実験でも、すぐに2頭で協力してロープを引っ張って、食べ物を取る事がわかっている。なかなか手ごわい相手なのだ。

僕たちの取材中に、村人がゾウを射殺する事件も起こっていた。ゾウが殺されて1週間たった現場に同行した。

ゾウの体の大半は砂に埋められていたが、その巨体をすべて収めることはできず、露出した部分からは凄まじい悪臭が放たれ、大量のウジが湧いていた。

射殺した村人は、長年ゾウによる被害を訴えていて、ジャヤ・ラトナさんは折に触れ相談に乗っていたという。この辺（あた）りの人々は、みんな敬虔な仏教徒だ。いったいどんな気持ちで、ゾウを撃ち殺したのだろうか。

村人はすでに逮捕されていて、やがて裁判にかけられるが、法律での罪よりも信仰を冒（おか）した罪の意識の方が、よほど大きいのではないだろうか。そして、それを止めることができなかったジャヤ・ラトナさんは、いったいどんな気持ちなのか。聞いてみたが頭を振るばかりで答えてはくれなかった。

スリランカの人とゾウの深くて複雑な関係。仏教徒だからゾウは神聖な生きものであり、自然は守らなければならない。建前はそうだが、現実は決して綺麗事（きれいごと）だけでは済まないのだ。

ゾウも利用する貯水池で沐浴（もくよく）

撮影中は、国立公園内の職員が宿泊する施設に部屋を借りて、ジャヤ・ラトナさんと寝食をともにした。宿泊所で僕たちは、バケツに貯めた水をかぶってシャワーがわりにしていたが、スリランカの人たちは自然の川や貯水池で水浴びをする沐浴が大好きで、国立公園の出口にある貯水池に毎日通っていた。

気持ちがいいからお前も来いとジャヤ・ラトナさんから誘われて、貯水池に出かけた。正直にいえば、周りの農地から流れ込んできたであろう水は、それほど綺麗ではない。飲んだら確実にお腹を壊すだろう。

しかし、一日の終わりの夕空の下、汗だくになって仕事をした後で現地の人たちと、時にはゾウも利用するという貯水池で水浴びをするのは、何もかもから解放されたような気がして実に気持ちが良かった。

撮影も終わりに近づいていたある日、沐浴の帰りに子どもが大きなライギョを釣り上げたのを見かけた。すると、ジャヤ・ラトナさんから、ライギョのカレーを食べたことがあるかと尋ねられた。僕がないと答えると、子どもからライギョを買い、僕に高々と掲げて満面の笑顔で見せた。1メートル近くある大物だった。

夜、そのライギョで作ってくれたスープカレーは、すごく辛かったが臭みはなく、丸々と太ったウナギのような味がして、本当に美味しかった。あの無邪気な笑顔と、厳しく苦悩する表情を見せながらも生きものと人の間に立って奮闘する姿と、ライギョのカレーの味は、一生忘れることはないだろう。

「この土地はゾウのもの」

２０１４年、スリランカで２度目の取材を進めている時にも、アヌダーラプラ近郊で野生のゾウが村を襲ったという情報が入ってきた。行ってみると、そこは５家族ほどの小さな集落で、庭先にある窯でレンガを焼いて売ることを生業としている人々だった。

襲われたのは、やはりレンガで作られた米の貯蔵庫で、壊された場所はビニールのテーブルクロスのようなもので塞（ふさ）がれていた。１週間ほど前にゾウが来て、ほとんどの米を食べられてしまったという。

僕はこの村でも、やはりゾウをどうにか来ないようにしてほしい、という話が聞けると考えていた。もっと正直に言えば、テレビ番組としては、そうした苦悩する村人のインタビューを期待していた。

被害にあった家の男性に、ゾウが村まで来てお米を食べていくことをどう思っていますか、と質問をした。すると村人の口から、実に意外な言葉が出てきたのだ。米を食べられたのは非常に困っている。１ヶ月分の家族の食糧がなくなってしまった。でもゾウは悪くない、と言うのだ。

僕は質問の仕方を間違えたのかと思って、通訳をしている人に、もう一度聞いて欲しいとお願いした。すると、やはりゾウは悪くないと言う。しかも、僕が何回も同じ質問をするので、周りで見ていた村人が口々に、ゾウは悪くない、ゾウは悪くない、と言いはじめたのだ。これには驚いた。

この村が特殊なのだろうか？　少し離れた場所にもゾウに襲われた家族がいると聞き、話を聞きに行った。20代前半の若い夫婦と生まれたばかりの赤ちゃんがいるその家族は、夜中にやってきたゾウに家を壊され、もう少しで赤ちゃんが踏まれるところで、命からがら逃げ出したのだそうだ。何も知らない赤ちゃんは、お母さんの胸の中ですやすやと眠っていた。夫婦の家の周りは保護区になっていて、電気柵で囲われているのだが、ゾウが壊して出て来てしまったのだ。

まだ幼さが残るその夫婦は、寝ている時に突然ゾウに家を壊され、本当に恐ろしかったと振り返る。しかし、生まれたばかりの赤ちゃんが危険な目にあったのに、この夫婦から出てきた言葉も、ゾウは悪くない、だった。やはりこの地域の人々は、ゾウに対する根本的な考え方が他の場所とは違うのだ。

もう一度初めの村に帰り、ゾウが来た時にどうするのかを教えてもらった。畑の横にある大きな木の上に木の板で組んだ台があって、毎晩誰かが見張り番をしている。もしゾウが来たら大きな声を出し、花火を打ち上げて、森に帰ってもらうのだという。

そして最後に、「ゾウは、人間が来るずっと前からこの森に棲んでいたのだから、この土地は彼らのものなのだ」と呟いた。

先住民族の血を引く人々

この村に来るまで、僕が話を聞いてきたスリランカの他の地域の人たちは、ゾウは大切だけど田んぼを荒らされ、倉庫の米を食べられるのは困る。ゾウはどこか他の地域で生きていてくれれば良く、自分たちの村の近くからはいなくなってほしい、というのが本音だろう。

現実問題として、彼らの生活は脅かされている。いかに敬虔な仏教徒とはいえ、資本主義経済の中で生きていく現代人の本音と建前が違うのは、よくわかる。

しかし、この地域では、ゾウは自分たちと一緒にいるのが当たり前で、いなくなって欲しいとは思っていないのだ。仏教徒だからゾウが大切なのかと聞くと、自分たちは仏教を信仰してはいないと言う。たしかに、この村の人々は、鼻が横に広く唇が分厚いなど、普通のシンハラ人と少し顔つきが違う気がする。僕が思ったのは、彼らはスリランカの先住民族の血を引いている一族なのではないかということだった。

先住民は、彼らの言葉で「森の民」を意味する「ワンニャレット」と呼ばれ、古来、狩猟採集を生活の糧（かて）として来た。現在は、シンハラ人との同化が進んでいるが、スリランカに1000人程度が住んでいると言われている。

オーストラリアの先住民で狩猟採集を行うアボリジニは、骨格などの特徴から南インドを起源としているとの説が有力だが、ワンニャレットにはアボリジニと同じ血が流れているのだ。スリランカからベンガル湾を挟んでインドシナ半島側にあるインド領、アンダマン諸島にも、アジア人とは明らかに顔つきの違う、アボリジニ系の民族が住んでいる。今も、インド政府ですら接触できない島があり、文明に触れずに狩猟採集生活をしている。

ワンニャレットの血が流れているとすると、今は米を作る農耕生活をしているが、近年まで森の中で生活する狩猟採集民だったはず。狩猟民族は捕った獲物を蓄（たくわ）えることができないので、物を所有する欲が少なく、自然の恵みを得ることで生きていかなければならない。農耕民族とは、自然に対する考え方がまったく違うのだ。

森の恵みとともに生きてきた彼らの文化の中では、同じ森の中で暮らして来たゾウは、畏敬（いけい）の念をもつ、神に近い存在なのではないだろうか。僕は、村を襲われてもゾウは悪くないと言う人々の心の中には、太古からともに生きてきたゾウとの結びつきが、今もあるのではないかと思うのだ。

ゾウの孤児院

経済的な発展を推し進めるスリランカでは、人間とゾウの衝突が絶えることがない。その一方で、村に出てきたゾウを追い払った時にはぐれたり、農家がゾウよけのために掘った溝に落ちて抜け出せなくなった子ゾウを保護する施設がいくつかある。有名なのは、ピンナワラという地区にあるゾウの孤児院で、１００頭ほどが保護されている。ピンナワラでは、保護したゾウは野生に返すことなく飼いならし、使役やお祭りのために引き取られていく。

また、島の南部にあるウダ・ワラウェ国立公園には、保護された子ゾウを野生に復帰させるための訓練施設、「Elephant Transit Home」（ゾウの一時的な家）がある。僕たちが訪れた時も、前の週に保護されたばかりの、生まれて1ヶ月ほどの赤ちゃんゾウがいた。まだ人に慣れていないので、近づくと後ずさりして、ケージの奥へと隠れてしまう。生まれて数ヶ月の子ゾウは、できるだけ人と接触させないで、広大な敷地内にある池のほとりで放し飼いにしている。池の周りでは、50頭ほどが水浴びをしたり互いに鼻を絡(から)めたりして、じゃれあっていた。

ミルクをあげる時間になって、職員が声を掛けると、子ゾウが大挙して押し寄せてくる。

お腹をすかせた子ゾウたちが我先にと走ってくる光景は、まるで人間の子どもがおやつをもらいに走ってくるみたいで、実に微笑(ほほえ)ましい。

ミルクをあげる場所の入り口で、柵を開け閉めして入場を制限しながら数頭ずつ与えていくのだが、そのやり方は豪快だ。子ゾウの口に巨大なじょうごを差し込んで、ドラム缶に入ったミルクを柄杓(ひしゃく)で流し込んでいくのだ。

体の大きさによって3杯から5杯ほど与えるとおしまいで、次のゾウの順番となる。自分の番が終わると大人しく譲る子ゾウもいれば、もっと欲しいと駄々(だだ)をこねるものもいる。それぞれに性格が違うのも、人間の子どもそっくりだ。

ゾウはきわめて社会性が強いので、子どもの頃に人間が保護した個体を野生に返すことは難しいと考えられてきた。群れの中でのルールを学ばせることができなかったからだ。

そこで、この保護センターでは、様々な年齢の子ゾウを放し飼いにして互いに触れ合わせることで、他の個体とコミュニケーションする方法を身につけさせている。こうしてリハビリテーションをした個体は、保護された地域に戻しても、野生の群れに受け入れられるという。

これからも人間とゾウの衝突は続くだろうが、この保護施設の活動によって、その未来に幾らかの希望が見えた気がした。

ゾウと人間のお祭り

毎年7月から8月の夜、島の中央の古都キャンディにある、お釈迦様の歯が納められている「仏歯寺」で、スリランカ最大のお祭り、エサラ・ペラヘラ祭りが行われる。そのはじまりは紀元前3世紀ごろとされ、お釈迦様に敬意を払うと同時に、雨を降らせる霊力があると信じられている仏歯の力により、豊かな収穫を願うのだ。

その主人公は、きらびやかな布と電飾で飾り付けられた、100頭以上のゾウたちだ。参加できるのは、牙の長さ、背の高さ、体重などの基準をクリアした選ばれしゾウだけ。中でも「タスカ」と呼ばれる最も立派な牙を持つ巨大なオスのゾウの背中には、普段は寺の奥深くに納められているお釈迦様の歯が入った容器が乗せられる。

スリランカの王朝時代に王様の前で踊ることを許されていた人々の子孫が踊る一糸乱れぬ舞と楽団にエスコートされながら行進するゾウは、どこか誇らしげに見える。松明の明かりに照らし出されたゾウと人間が音楽に合わせて、リズミカルに体を揺らしながら渾然一体となって練り歩く姿は、太古からともに暮らして来たスリランカの人と生きものの関係性を象徴している。

残念ながら、現在のスリランカでは、ゾウと人間の関係は必ずしも良好ではない。しかし、同じ場所に生きるものとしてゾウを受け入れている人が、少なからずいるのもまた事実である。

「ゾウの方がこの場所に先に棲んでいた」。この真理の言葉を、僕たちは重く受け止めなければならないと思う。

14
ピラルクー
子育てするアマゾンの古代魚

世界最大の淡水魚の1つ、ピラルクー

世界最大の有鱗淡水魚

インターネットで「アマゾン」を検索すると、世界最大のオンラインストアばかりがヒットする。検索件数の多いものが上位に来るので仕方ないが、いくら次ページを押しても僕が見たいサイトは出てこない。すっかりお株を奪われてしまったが、僕の中でアマゾンといえば、南米大陸にある世界最大の大河アマゾンのことだ。

魚が好きで、子どもの頃から近所の熱帯魚屋さんでアマゾン原産のネオンテトラやエンゼルフィッシュを買っていた。そんな僕が憧れ続けていたアマゾンに初めて行ったのは、2001年の1月。しかも狙うは魚界のスーパースター、全長4メートルを超えるという伝説もある世界最大の有鱗淡水魚、ピラルクーだ。

ピラルクーには、オスとメスがペアとなって稚魚を育てる独特の習性があるが、世界中で誰もその様子を撮影したことがなかった。

2001年4月の番組改編で、それまでの「生きもの地球紀行」から「地球！ふしぎ大自然」へリニューアルする目玉として、「アマゾンの古代魚、ピラルクーが子育てをするシーンを世界で初めて撮影します」とプロデューサーに大見得を切り、僕はまんまと憧れのアマゾンに行くことに成功したのだ。

アマゾンは実に広大で、流域面積が日本の国土の18倍あり、全長はおよそ6500キロといわれている。1000以上ある支流が合流しているため、アマゾン川という名称は正確ではなく、単にアマゾン、あるいは川全体をアマゾン水系と呼ぶ。

川幅は広いところでは30キロもあり、対岸は見えないので、まるで海のようだ。

しかも、雨季と乾季で10メートル以上、水位が変動するので、大きな町以外にはほとんど道がない。アマゾンでの移動は船が頼りとなる。船の旅は島があると迂回しなければならないため、地図上では近く見えても目的地に行くのは大変だ。

ピラルクーの撮影に向かったのは、飛行場のある町から全長10メートルほどの2階建ての船に乗り、およそ半日かかる村。ホテルなどの宿泊施設はないため、撮影中の食事や寝泊まりはすべて、この船の上だ。

寝るのは船のデッキに吊るすハンモック。寝るときだけ出して、昼間は船の天井にロープで括り付けておけばスペースを有効利用できる、船上ではもってこいの寝具だ。ハンモックというと気持ち良く寝られると思うかもしれないが、それは昼寝など短時間使うときの話。一晩中となるとかなり寝づらい。

朝早く出航して、アマゾンを横切るだけで午前中いっぱいかかる。その後も水路をジグザグ進みながら、夕方ようやく村にたどり着いた。水位の変動が激しいアマゾンにある家はほとんどが高床式で、1月は増水期だが、まだ水が上がりきっていなかったため地面が見えていて、イヌとニワトリと子どもが駆け回っていた。

満水になると、高床式の家の床上まで水が来る年もあるという。村人は家の中でもハンモックで眠るため、それでも大丈夫なのだという。

エッチな名人

出迎えてくれたのは、村一番のピラルクー捕りの名人、ゴッチさん。年齢は40歳くらいで身長は160センチほどと小柄で、真っ黒に日焼けして痩せている。

ゴッチさんには、レイモンド・ホッシャという立派な名前があるが、本名で呼ばれることはない。なぜゴッチさんなのかは、本人にもわからないという。これは、「ブラジルあるある」で、サッカー選手のペレやジーコなど、本名とはまったく違う名前で呼ばれている人が多い。先に下見に来たことがあるコーディネーターと、人懐こい笑顔でゲラゲラ笑いながら話している。

ポルトガル語なので何を言っているのかわからなかったが、後で聞くとエッチなことばかり話すらしい。まあブラジルの男同士の会話はほとんどそんな感じなのだが、内心、名人としてはちょっと品位に欠けるなあと思っていた。

アマゾンの水位が上がる雨季は、ピラルクーの繁殖期。ピラルクーが子育てをするのは有名だが、世界中のどのテレビ局も、その様子を撮影したことはなかった。なぜなら、野生のピラルクーが繁殖する場所について、ほとんど情報がないからだ。

本当に撮影できるのか、実はかなり不安だったが、大見得を切ってアマゾンまで来てしまった以上は、撮って帰らないと今後のディレクター人生にかかわる。

ゴッチさんに聞くと、

「ああ、見られるから心配するな」

とゲラゲラ笑いながら答えてくれる。エッチな話しかしないこのしょぼくれたおじさんに、僕の運命を託さなければならないのかと、この時点で不安はピークに達した。

僕は不安を解消するために、その夜遅くまで、ゴッチさんにピラルクーに関する様々な質問をした。そこで分かったことは、村の主な現金収入は、ピラルクーを獲って肉を町に売って得られている。

ピラルクーを獲るのは、子育てが終わってから繁殖期がはじまる前の11月末まで。

ピラルクーは12月になると川の底に浅い穴を掘り、卵を産んで両親で守る。

稚魚の数は初めは1000匹ぐらいで、半年の間に40センチくらいまで成長すると親離れする。

などなど。ゴッチさんの答えは、非常に具体的で明確だった。この時点で、さっきまでのしょぼくれたエロ親父への評価は、かなり改善された。1月は子育ての時期なので普段はピラルクーに近づかないが、子育てしている場所まで特別に案内してくれることになっていた。

魚なのに肺呼吸

村は一周2キロほどの島の上にあり、村人の移動手段は木を組み合わせた自作の船だ。船底が丸く幅も狭いため非常に不安定で、しかも船の縁は水面ギリギリ。水面との差は数センチしかない。

僕も少し乗らせてもらおうと足を乗せたが、それだけでもひっくり返りそうになり、早々に諦(あきら)めた。体の小さなゴッチさんの船は特に小さく、僕が乗ったらそのまま沈んでしまうだろう。

船を漕ぐための櫂は、アマゾンでよく見る板状の木の根っこ「板根」を削って作ったもの。ゴッチさんの櫂は子ども用のバドミントンのラケットほどと、ずいぶんと小さい。

その櫂を片手で漕ぐのだが、船はまるで氷の上を滑るようにスムーズに進んで行く。子どもの頃から毎日乗っているからとはいえ、達人とはこういう人のことを言うのだと改めて感心した。

警戒心が強い野生のピラルクーは、音に敏感なのだそうだ。僕たちは撮影機材があるため、アルミボートにガソリンエンジンの船外機をつけて移動し、ピラルクーがいる場所では音が小さな電動モーターに切り替えることにした。

ゴッチさんの案内で到着したのは、森に囲まれた広場のような場所。乾季の水がない時期には草原があり、増水期の1月は水深1メートルほどで、水面に草が絡まりあっていた。ピラルクーは、この水沈した草むらの中で、オスとメスが揃って稚魚を守りながら育てていくという。

いよいよ、世界で初めてピラルクーの子育てを撮影できる場所に着いて、これは困ったことになったと思った。ゴッチさんの船は、草が絡まりあっている上でも船底が丸く喫水も浅いため、スムーズに進んでいく。しかし、僕とカメラマンとコーディネーターと機材を乗せたアルミボートは、重みで深く沈んでいるため、草に絡まって全く進まないのだ。音が出る船外機は使えない。つまり、ピラルクーが草むらから出てくるまでは撮影ができないのだ。

しかも、水は濁っていてピラルクーがどこにいるのか、水面から見ることはできない。それまで誰もピラルクーの子育てを撮影できなかった理由が、現場に来て初めてわかった。

とはいえ、それを悔やんでいても仕方がない。目の前の草むらの中にピラルクーの親子がいるのだから、撮影する方法はこれから考えればいい。

いったい、どのようにして、ピラルクーがいる場所を探すのか？　それについては、先にゴッチさんから聞いていた。ピラルクー独特の生態を利用するのだ。実はピラルクーは、魚なのに肺で呼吸をするため、20分に1度は水面に浮上してくる。その時に居場所がわかるので、あとはそれを追いかけていくというわけだ。

太古の魚の生き残り

ちょっと待った！　魚なのに肺で呼吸するなんておかしい、と思うかもしれないが、それは地球における我々の大先輩である魚に失礼というものだ。そもそも、肺をはじめに持った生きものは、陸上生物ではなく淡水魚なのだ。

4億年以上前に、魚は海で誕生した。しかし、当時の海を支配していた捕食者、オウムガイなどから逃れるために、空白地帯だった淡水に入り込んだ。淡水には捕食者はいなかったが、海ほど安定した環境ではない。水が無くなったり、水中の酸素の量が少なくなったりと不安定だったのだ。それに適応するため、淡水魚は、空気から酸素を取り込むための肺を発達させたと考えられている。

流れがある川で進化した魚の体は流線形になり、素早く泳げるようになると海に戻るものも現れた。海は環境が安定しているので、必要なくなった肺は浮力を調整する鰾（うきぶくろ）に変わっていった。素早い動きと水中で浮力調整をする器官を得た魚は、海の中で爆発的な進化を遂げ、再び淡水へ戻って来たと見られている。

先にピラルクーを古代魚と書いたのは、1億年ほど前から体の機能がほとんど変わっていないからだ。彼らは、海から淡水に入り込み肺を獲得した太古の魚の、生き残りと考えられている。

現在のアマゾンは、世界最大の熱帯雨林をもつ安定した環境に見える。しかし、今の姿になったのは、地球の歴史からすると最近なのだ。

アマゾンがアンデス山脈を水源に東へと流れ、大西洋に注ぎ込むようになったのは、数百万年前。アンデス山脈が隆起をはじめた1000万年前までは、逆方向の太平洋側に流れ込んでいた。その後も氷河期には乾燥し、かなりの部分が草原化したこともわかっている。そんな、激変する環境の中、ピラルクーは太古に獲得した肺をずっと保つことで、いままで生き延びてきたのだ。

硬い鱗（うろこ）で覆（おお）われた全身

というわけで、ピラルクーは呼吸をするために水面に上がってくるので、まずはそれを見つけることから追跡がはじまる。ゴッチさんとともにピラルクーが呼吸するのを待つ。2メートル近い巨大魚が呼吸をするので、それなりの音がするはずだ。

しばらくすると、ボコっというかすかな音とともに草が動いた。思いのほか気配が少ない。でも、ゴッチさんには十分だった。音も立てずに船で追いはじめた。あのゲラゲラ笑いながら話すゴッチさんと、同一人物とは思えないほどの鋭い眼差し。殺し屋もかくや、と思わせる顔つきだ。まさに〝全集中〟で追いかけていく。

しかし、いったい何を目標にして追いかけているのか、遠目に見ている僕たちには全くわからない。僕たちのボートに乗っていた村の若者に聞くと、村の漁師は水中のピラルクーがどこを動いているのかを、感じ取ることができるという。きっと、本当に微妙な草の動きや、わずかな水面のゆらぎを見ているのだろう。

ゴッチさんは追いかけながら、僕たちにピラルクーが進んでいる方向を、手の動きで教えてくれる。そして、次はあの辺に上がってくる、と示してくれた場所から1メートルも離れていないところに、浮上してくるのだ。ゴッチさんは、村人の中でも特に、水中の魚の動きをつかむ感覚が優れているという。この能力があるからこそ、村一番のピラルクー漁の名人と言われるのだ。

なぜそれほど正確に、動きを知らなければならないのか。それは、ピラルクーが全身、硬い鱗で覆われているからだ。村では、ピラルクーの漁に銛を使うが、前や横からだと硬い鱗に弾かれて刺さらない。魚の鱗は、前の鱗の下に後ろの鱗が重なって生えている。銛が刺さるのは、鱗と鱗に隙間がある後ろからだけだ。

漁では、ピラルクーが呼吸で上がって来る、わずか2秒ほどの間に銛を投げる。そのとき、ピラルクーがどちらを向いているかがわかっていないと、獲ることはできない。そのためには、ピラルクーの動きを正確に把握する必要がある。だからこそ、ゴッチさんは水中のピラルクーの動きを、まるで見えているかのようにつかんでいるのだ。

見えないものが見えるなんてそんな馬鹿な、と思われるかもしれない。僕も初めはそう思っていた。しかし、日常生活の中にも、ゴッチさんたちの実力を垣間見る機会があった。

撮影隊のロケ中のお昼ご飯は、お弁当を作ってもらいクーラーボックスに入れて持っていく。ご飯と野菜とお肉といったごく普通の食事だ。

一方で村人は、アマゾンに住む人々の主食である「ファリーニャ」と呼ばれるキャッサバの粉しか持ってこない。おかずは現地調達するからだ。僕たちのボートにガイドとして乗っていた村の若者は、いつも船の舳先に座り、そばに銛を置いていた。ボートの前方に何かを感じとると、とっさに銛を濁った水の中に投げるのだ。

辺りの水深は1メートル以上あり、水は泥水で10センチ先も見えない。何をしたのだろうと思ったが、上がって来た銛には50センチほどのヨロイナマズがついていたのだ。

全身を硬い鱗で覆われているヨロイナマズは、水底に棲んでいる。ということは、彼は深さ1メートルの濁った水の底にいる獲物を、気配だけで仕留めたことになる。

どうして、そこにいるのがわかったのかと聞くと、ナマズが動いたときに上がってくる、わずかな泡が見えたという。ほら、そこにもう1匹いると言われて見ると、1ミリほどの泡が2つほど上がってきたのが見えた。こんなかすかな変化だけでわかるとは、恐るべき能力だ。

ちなみにヨロイナマズは、お腹を割いて内臓を取り薪の上に乗せるだけで、硬い鎧が調理器具となり身が蒸し焼きになる便利な魚だ。その後も、彼は毎日のように見えない泥水の中の魚を銛で突いて、お昼に食べていた。

まだ、顔に幼さが残る20代の若者ですら、それだけの鋭い感覚を持っているのだ。40代の名人と言われるゴッチさんの能力は、推して知るべしだろう。

小型カメラで水中撮影

ゴッチさんが浮上してくると指差す先に、ピラルクーが姿を見せた。体が出てくる前にエラから空気を出し、素早く口から空気を吸い込んでまた沈んでいく姿は、まるで潜水艦のようだ。

水に沈むときに背中から後ろ側が見えたが、その色に驚いた。燃えるような赤色なのだ。ピラルクーとは、アマゾンに住む先住民族の言葉でピラが魚、ルクーはウルクーという赤い染料が取れる木のことを表している。

繁殖期のピラルクーは体が赤くなる、と聞いていたが、後ろ半分がこれほど真っ赤になるとは思わなかった。オスもメスも同じように赤い。

僕たちがしばらく追いかけた子育て中のペアは、オスが1・8メートル、メスが少し大きくて2メートルほどで、メスの方がより赤みが強かった。これだけ鮮やかな赤ならば、濁った水中でも目立つだろう。これは婚姻色でもあるだろうが、稚魚が親からはぐれないように、目印になっているのではないだろうか。

ピラルクーの稚魚は、親にピタリと寄り添って泳いでいた。すべて見えるわけではないが、５００匹以上はいるだろう。色は真っ黒で大きさはおよそ10センチ。孵化して１ヶ月ほどだという。

稚魚は親ほど呼吸が持たないので、数分ごとに水面に上がって一斉に呼吸する。その円は直径が１・５メートルほどになる。しかし草むらにいると、稚魚の呼吸はわかりにくい。草が邪魔してほとんどわからないのだ。

しばらく観察していると、ある程度の間隔で、草がないところにも稚魚が出てくることがわかった。そこで、２メートルほどの棒の先に小型カメラを付けて、濁った水の中で、稚魚と親が一緒に泳いでいる姿を撮影しようと試みた。ゴッチさんに親子の行動を追跡してもらい、草むらから出てくるおおよその場所を予測して、そこで待つ。電動モーターで追いかけるのだが、やはり親が音を嫌がって、泳ぐスピードが速くなる。

カメラにも数秒ほどは映るのだが、水が濁っていてすぐに見えなくなってしまう。追いかけると草むらに逃げ込むことも多く、なかなか上手く撮影できない。

さらに追いかけようとした時だ。ドンという音とともにアルミボートが揺れた。水に沈んでいる木にでもぶつかったのだろうと思っていたが、しばらくするとまた、ドンという音とともにボートが揺れる。

ボートの下を覗き込むと、そこにはピラルクーの親がいた。ボートに体当たりしていたのだ。メスは特にアグレッシブで、あまり刺激すると子育てにも影響しかねないので、それ以上、追いかける撮影は諦めざるを得なかった。

それにしても、アルミボートであの衝撃なのだから、木の船だとひっくり返されるかもしれない。我が子を守る親の強さを、まざまざと感じさせられる出来事だった。

横1列に泳ぐ稚魚たち

さてどうしたものかと、遠目に親子を観察していると、ある日、草むらから離れた場所で、稚魚がそれまでとは明らかに違う泳ぎ方をはじめた。親が進んでいる方向に対し、横1列になって泳いでいるように見えるのだ。

稚魚は何をやっているのか？　気になったが、横からでは太陽光が水面に反射して、稚魚の様子を見ることができない。その行動をするのは、いつもほぼ同じ場所なので、ピラルクーを刺激しない距離を取って木で台を作り、少し上らから撮影することにした。

すると、稚魚は親を取り囲むように1列に並んで1枚の壁を作り、口をパクパクさせながら泳いでいることがわかった。正面から見ると、まるで稚魚の口が壁となって迫ってくるように見える。明らかに、水中にある何かを食べているのだ。

1枚の壁になるのは、みんなが均等に食べるため。水流を乱さない効果もあるだろう。ピラルクーの子育ては研究されたことがほとんどないので、はっきりとしたことはわからないが、映像を見る限り、プランクトンのようなものを食べているとしか考えられない。こんな行動は聞いたことがなかったので、ピラルクーの繁殖行動を理解する上で、非常に貴重な映像となった。

違う場所に、15センチほどに育った稚魚がいると聞き、撮影することにした。やはり親と一緒に草の中を移動していたが、この稚魚の群れは20秒から30秒に一度の割合で浮上を繰り返しながら、移動しているのだ。しかも稚魚が浮上すると、パチパチパチパチと、まるでクッション材を押し潰すときのような音がする。よく見ていると、音が鳴るのと同時に何か生きものが、草の間からぴょんぴょんと跳び出している。水面に浮かぶ草の間を網ですくうと、3センチほどのエビが1網で10匹以上獲れた。稚魚は、この豊富なエビを食べていたのだ。

なぜ、ピラルクーが子育てする場所に草むらを選ぶのか。その答えは、草の中に無数にいるエビを、稚魚に食べさせるためだったのだ。

アマゾンの豊かな恵みを受け、ピラルクーの稚魚は急速に成長していく。1月頃に生まれた稚魚は、8月には親元を離れる。ゴッチさんによると、その時までに人間の肘から指先までの長さ、およそ40センチにまで成長するというのだ。それだけ多くの食べ物があるということだが、それにしても速い。

2年で1メートルになるが、その後、成長スピードは遅くなり、2メートルになるのには10年以上かかるという。1メートルを超える頃から繁殖を始めるため、子育て期間中には、あまり食べられないからではないかという。

ピラルクーが野生状態で何年生きるのか、正確なデータはないが、魚には生きている限り成長を続ける種類もいる。2メートル以上に成長したピラルクーに、自然界で敵がいるとも思えない。伝説の4メートルを超えるピラルクーが、アマゾンのどこかにひっそりと生きているかもしれないのだ。

僕たちが1日の撮影を終わり、村の前に停泊している母船に戻る頃、村人の何人かが、村から離れた方に船を漕ぎはじめた。どこに行くのか尋ねると、パトロールだという。

繁殖期のピラルクーは獲らずに資源管理をしているため、ゴッチさんの村の周囲には、たくさんのピラルクーがいる。しかし、ピラルクーは、アマゾン全体では絶滅の危機にあり、他の地域にはほとんどいない。だから、豊富なピラルクーに目をつけ、周りの村から獲りにくる漁師がいるというのだ。

確かにピラルクーは、この村の周辺以外ではめったに見ることができない、幻の魚になっている。国際自然保護連合（ＩＵＣＮ）が絶滅のおそれがある野生生物をリスト化した「レッドリスト」というものがあり、日本でもクロマグロやニホンウナギが掲載されたなど、度々ニュースになる。ピラルクーも一時リストに載せられたが、現在ではデータ不足という理由で外されている。ブラジルの国内法でも、ピラルクーの捕獲を禁止しているわけではないので、獲ることに問題があるわけではない。しかし、自分たちのところのピラルクーを獲り尽くしてしまったから、他の村で大切に管理しているものを獲りにいく、というのは仁義にもとる。

減少の原因は、繁殖期にも漁を行ったことと網の普及だという。網を使うと、大きな魚から小さな魚まで根こそぎ獲れてしまうため、将来の資源が枯渇してしまうのだ。

ゴッチさんの村でも、村の若者たちの意見で、効率的に漁をしようと網でピラルクーを獲っていた時期があるという。しかし、次の世代のピラルクーが育たずに急激に数が減ってしまった。そこで、再び村で話し合いがもたれ、網は燃やしてしまったという。

網で獲れば一時的な豊かさは得られるだろう。しかし、それでは将来的に安定的な恵みは得られない。大人になったピラルクーだけを狙い、１匹１匹、銛で仕留めることに意味があるのだ。

狩られていることを知っているピラルクー

僕は、ゴッチさんたちがどのようにしてピラルクーを狩るのかを、いつか必ず見たいと思っていた。その機会が訪れたのは、2015年11月。NHKスペシャル「大アマゾン最後の秘境　伝説の怪魚と謎の大遡上」の取材の時だった。

14年ぶりに村を訪れた僕のことを、ゴッチさんは覚えていてくれた。少し歳をとっていたが、元気そうな笑顔で僕たちを迎えてくれた。

ピラルクー漁に使う銛は、独特の構造をしている。長さ3メートルほどの硬い棒の先に細いロープで繋(つな)がれた鏃(やじり)が付いていて、ピラルクーに刺さると鏃だけが外れる構造になっている。

漁に出る前のゴッチさんは、棒の先をナイフで削りながら、鏃との接点を熱心に合わせていた。ピラルクーに刺さって力が掛かると外れる、ちょうど良い具合に調整しておかないと、漁が上手くいかないという。

棒の先に取り付けた鏃を細いロープで引っ張り、棒の途中にある窪(くぼ)みに引っ掛けて固定し、ピラルクーに刺さって暴れると鏃が棒から外れて、手元のロープで引っ張って捕らえるのだ。

9月に子育てを終えたピラルクーは、繁殖時のペアも解消され、バラバラに生活している。この時期はアマゾン川の水も少なく、1月には水浸しだった村の周りには、水路で繋がった池がいくつもできていた。ピラルクーは、その池に閉じ込められているという。

漁は10人ほどの漁師が同じ場所で行う。夜明けとともに、船が三々五々水路を通って漁に向かっていった。僕たちが取材した時の漁場は、村から1キロほど離れた、長さ500メートル、幅200メートル程度の細長い池だった。水面には草もなく、泥で濁っていた。漁の対象となるのは、1メートルを超えた大人のピラルクーで、その池の中には100匹以上はいるという。

この時期のピラルクーの行動は、1月とはまったく違うものだった。僕たちが見た呼吸は、潜水艦が浮上してまた潜っていくような動きで、ほとんど音もしないゆっくりとした動きだった。しかし今回は、呼吸のたびに高さ2メートル以上の大きな水しぶきが上がるのだ。ピラルクーが警戒して呼吸後に素早く水中に潜ろうとするため、尾ビレで水面を叩くからだ。

9月から始まった漁も、そろそろ終わりを迎えようとしている。ピラルクーは、自分たちが狩られていることを知っていて、素早く潜るのだそうだ。警戒しているピラルクーを狩るのは、いつにも増して難しくなる。

ついにゴッチさんが銛を打ち込んだ

何人かの漁師が銛を投げたが、皆失敗している。ゴッチさんは、なかなか投げない。確実に仕留められる瞬間を狙っているのだ。

漁が始まって4時間ほどたった頃、ついにゴッチさんが、目の前で上がった水しぶきに向かって銛を打ち込んだ。投げた銛のロープがピンと張り、船が引っ張られる。命中したのだ。

大きなピラルクーなのか、船はかなりのスピードで移動している。このままでは転覆するかもしれない、と思ったその時だ。周りから仲間の船が集まってきて、次々とピラルクーに向かって銛を投げる。

1人の銛が刺さると周りの仲間が集まってきて、二番、三番の銛を打ち込んでいく。巨大なピラルクーは、1人では仕留められない。こうしてみんなで協力するために、一緒の場所で漁をするのだ。

仕留めたピラルクーは、岸に上げられる。1・5メートルほどの立派な個体の鱗の隙間には、3本の銛が深々と刺さっていた。銛を抜くときに鱗が一枚剝(は)がれ落ちた。10センチほどもある黒い大きな鱗に触ってみると思った以上に硬く、強化プラスチックを思わせる。

根元は白く、ヤスリの様にザラザラしている。実際、村人はこれをヤスリとして使うという。

高値で取り引きされるフィレ

ゴッチさんは刃渡り20センチくらいのナイフを使って、慣れた手つきでピラルクーを捌いていく。まずは背中の鱗を1列取ると、そこからナイフを差し込み、まるで毛皮を剝ぐように、片面の鱗をすべてそぎ落とした。反対側も同様。

頭を落として内臓を取り、ものの10分で巨大なピラルクーは、2枚の大きなフィレになった。まるでハタを思わせるほど弾力性のある白身のフィレは商品価値が高く、僕らが出発したアマゾン対岸の町に送られ、高値で取り引きされる。村人は、ピラルクーを食べることは滅多になく、ナマズやピラニアの仲間など、普通に獲れる魚を食べているという。

ゴッチさんたちの暮らしにも、経済化の波は押し寄せている。村には、ゴッチさんが子どもの頃にはなかった学校ができ、町からやってきた教師がいる。子どもの何人かは町の学校に行っていて、そのための仕送りもしなくてはいけないという。

村の暮らしは平穏だが、町にお金を送るのは決して簡単ではないだろう。町の学校に行った子どもたちは、おそらく村に戻ってくることはない。

今はまだ、20代の若者がいるが、漁師のなり手も少なくなっているという。ピラルクーを銛で仕留めるためには、子どもの頃から川に親しみ、野生動物のような感覚を身につけていかなければならない。いくらＩＴやＡＩの技術が発達しても、一度、廃(すた)れてしまえば、二度と取り戻すことはできない技術なのだ。後継者がいなくなるのも時代の流れだと、銛の手入れをしながらゴッチさんは寂しそうに話していた。

ピラルクーと寄り添って生きるこの村の生活も、そう長くは続かないのかもしれない。そうなると、いったい誰がピラルクーを守るのだろうか？　それは僕が死んだ後の話かもしれないが、この村にピラルクー漁師がいなくなることを考えると、少し憂鬱(ゆううつ)な気分になるのだ。

感謝の祭

村では、漁の期間が終わる11月末になると、ピラルクーに感謝する祭りが開かれる。村一番の美女（小学生）が、ピラルクーの鱗で作られた衣装を着て踊る、のどかなものだという。ゴッチさんの娘さんも昔、ピラルクーの衣装を着たのだと自慢げに教えてくれた。

僕たちは、残念ながら、次の撮影があるために、そのお祭りを見ることはできなかった。またいつか漁が終わり、笑顔でお祭りを見るゴッチさんと語り合いたいと思いながら、村を後にした。

実は、僕はこの村がどこにあるのか、正確には知らない。2回とも現地の人に連れて行ってもらったが、広いアマゾンの中、毎年増水する度に変化する水路を、船であっちに行ったりこっちに行ったりしながら向かうため、外から来た人間には見当がつかないのだ。ネットで検索してなんでも見つかる現代でも、この村の場所を検索することはできない。そんな場所が未だにあることが、オンラインストアとは違う「アマゾン」の魅力なのだ。

僕は、そんなアマゾンのどこかに、4メートルを超えるようなピラルクーが潜(ひそ)んでいると確信している。いつかその姿が見られる日が来るのだろうか？

しかし、それが見つかるということは、広大なアマゾンの隅々まで開発が進んでしまっていることを意味するのかもしれない。全てが可視化され消費される今の地球に、伝説のまま見つからない方が良いこともあるのだ。

14 ピラルクー——子育てするアマゾンの古代魚

あとがき

僕は基本的に、撮影でどんな苦労をしたかを番組で見せるのは好きではない。映像の背景に何があろうと、見ている人には関係ないと考えているからだ。ただ、それはテレビでの話。この本では、番組では見えない撮影の裏話的なことを書いてみた。

生きものに限ったことではないが、テレビ番組制作には多く人が関わっている。自然の中のロケはもちろん色々と苦労があるが、それ以外の仕事にも、見ている人が想像できないぐらい様々な人が、少しでもいい番組にするために頑張っている。

ロケに出る前の最大の苦労は、番組の提案を書いてプロデューサーを説得し、予算と放送枠を獲得することだ。もちろん、自分では面白いと思っていてもボツになる企画も多く、番組化されるのは、様々な困難をくぐり抜けたほんの一部。この辺(あた)りは生きものの進化に似ている。

現地では、研究者。素晴らしい映像を撮影するため労を惜しまないカメラマン。宿や移動手段、食料の調達など様々なロジスティックスや、通訳をしてくれるコーディネーター。現地を案内してくれるフィールドガイド。

撮影から戻ってくると、1本の番組にまとめ上げる映像編集者。色や光などを調整し見やすい映像にしてくれる映像技術担当。複雑な内容をわかりやすく説明するコンピューターグラフィックス制作者。文字情報で視聴者の理解をより深めてもらうテロップワーク担当。そして、僕が徹夜で書いたナレーション原稿を、元の形がわからなくなるまで真っ赤に書き直すのもプロデューサーやデスクの仕事だ。

音楽や自然音で見ている人の感情を盛り上げてくれる音響効果の担当。番組のシンボルとなる音楽を作る作曲家。ナレーションを読むナレーター。自然音と音楽とナレーションがぶつからないように、絶妙なバランスを探ってくれる音声技術担当者。

本当はもっと多くの人がいるが、上げるときりがない。みなさんがいるおかげで出来上がった番組は、当初、僕がイメージしていたより、何倍も素晴らしいものになることに本当に感謝している。

そのすべての過程に唯一関わるのがディレクターだ。ディレクターが制作の過程で偉そうな顔ができるのは、自分がこれをやりたいと手を上げなければ、何も生まれなかったからだ。現場では周りに指示を出して何を撮影するかを決めていかなければならないし、1ヶ月以上毎日カレーで食事が喉を通らなくなったり、30年もやっていると、時にはもはやこれまでか、と思うような事件が起きたりする。そんな困難も乗り切らないといけない、なかなかつらい仕事でもある。

なぜ、そんな思いをしてまで番組を作りたいのか。それは、この本で書いてきたような、想像を超えた生きものたちの面白さに出会えるからだ。

生きものの面白さってなんだろう？　僕は正解がないことだと思っている。同じ科学に分類される物理や数学に解はあっても、生きものにはない。どんなに偉い先生が研究していても、なぜ生きものがそういう行動をするのか、なぜそんな進化を遂げたのか、といった疑問に対して、究極的に答えは出ない。真理には近づけても、それは王手であって、詰むことはない。いくら確からしくても、それは人間の想像でしかないのだ。

もう一つ、テレビ番組制作をやめられないのが、誰も見たことがないような生きものの行動を撮れる場合があるからだ。論文に書かれていることが真実ではない。目の前で起きていることの中にあるのが真実だという経験を、これまで何度もしてきた。自分が、世界で初めて確認された生きものの行動の目撃者になれるかもしれないのだ。

僕が自然番組を通して願っているのは、未来を担(にな)う子どもたちの中に、経済の発展よりも自然と共存しながら生きていくことを真剣に考えてくれる人が、1人でも多く育ってくれることだ。それは、次の世代に大きな木となる種を蒔(ま)くことだと考えている。そのために、生きものたちのあっと驚くような営みを紹介する番組を、これからも制作していきたい。

この本が出版される頃には、長野県で小さな昆虫を相手にカメラマンとともに悪戦苦闘しながら、色々と頭を悩ませていることだろう。誰でも知っている昆虫だが、その生態がまた抜群に面白いのだ。

僕ももういいおじさんだが、撮影に向かう時には、いつもワクワクする。さあ、次はどんな出会いと発見があるだろうか。

２０２１年3月吉日　著者

追記　今回、僕に支払われる印税はすべて、自然保護活動に寄付させていただく。子どもたちに地元の自然を伝える活動を支援できればと考えている。ご希望があれば、Twitter @satoshiokabe7 にご連絡ください。どれほどの申し込みがあるかわからないが、なにぶん原資は限られている。1件10万円程度で、申し込み多数の場合は僭越ながら審査をさせていただきたい。そして、できれば、現地でその活動を見学させて欲しい。後日、どのような活動を支援したか、収支結果も含めて報告をさせていただく。

本書は書き下ろしです。

掲載した写真は番組からキャプチャーしたものです。

岡部聡（おかべ・さとし）

1965 年大阪府生まれ。
1989 年琉球大学理学部海洋学科卒。
NHK 産業科学番組部自然班配属。
以来、「地球ファミリー」「生きもの地球紀行」「地球！ふしぎ大自然」を制作。「ダーウィンが来た！」では第1回「古代魚が跳んだ！」を担当し現在のフォーマットを確立した。
また「NHK スペシャル」「ホットスポット 最後の楽園」全シリーズ、「大アマゾン」第1集「伝説の怪魚と謎の大遡上」などを担当。
受賞歴
1993 年バンフ・マウンテン・フィルム・フェスティバル審査員特別賞「生きもの地球紀行　アフリカ・タンガニーカ湖　太古の湖に不思議な魚が満ちる」
2003 年アジア・テレビ賞最優秀自然番組「地球！ふしぎ大自然　水の魔法が生きものを呼ぶパンタナール」
2006 年第 33 回世界水中映像祭パルム・ドール（最高賞）「赤道・生命の環　アマゾン　黄金の大河」
他、多数。

誰かに話したくなる摩訶不思議な生きものたち

2021 年 4 月 15 日　第 1 刷発行

著　者　岡部 聡
発行者　島田真
発行所　株式会社 文藝春秋
〒102-8008 東京都千代田区紀尾井町 3-23　電話 03-3265-1211
印　刷　精興社
製　本　加藤製本
組　版　東畠史子

万一、落丁、乱丁の場合は、送料当方負担でお取替えいたします。小社製作部宛にお送りください。
定価はカバーに表示してあります。

ISBN978-4-16-391315-5
Printed in Japan